潮流时装
设计与制作系列

男装
设计与制作

杨 旭 刘艳斌 主编

U0194486

化学工业出版社

·北京·

图书在版编目（CIP）数据

男装设计与制作/杨旭，刘艳斌主编． —北京：化学
工业出版社，2017.7
（潮流时装设计与制作系列）
ISBN 978-7-122-29609-2

Ⅰ．①男… Ⅱ．①杨…②刘… Ⅲ．①男服-服装
设计②男服-服装缝制 Ⅳ．①TS941.718

中国版本图书馆CIP数据核字（2017）第100731号

责任编辑：邵桂林　　　　　　　　　　　　文字编辑：谢蓉蓉
责任校对：边　涛　　　　　　　　　　　　装帧设计：刘丽华

出版发行：化学工业出版社（北京市东城区青年湖南街13号　邮政编码100011）
印　　装：中煤（北京）印务有限公司
787mm×1092mm　1/16　印张14　字数391千字　2017年8月北京第1版第1次印刷

购书咨询：010-64518888（传真：010-64519686）　售后服务：010-64518899
网　　址：http://www.cip.com.cn
凡购买本书，如有缺损质量问题，本社销售中心负责调换。

定　　价：55.00元

前言

随着我国经济的快速发展，男性也越来越注重服装的消费，从而使得男装市场的容量扩大，市场竞争日趋激烈。但近年来市场供给明显大于需求，再加上男装产品的同质化严重和互联网营销等原因，导致众多企业销售不畅、纷纷亏损，企业库存大幅增加，大批专卖店倒闭，因此许多男装企业都在积极寻求转型调整的道路。

伴随着新形式、新潮流与新消费需求的诞生，服装消费的核心诉求已经转向以个性化为主。男装正面临着从量的膨胀向质的细分化、多样化方向发展的趋势，对服装款式、服装品质等的要求越来越高，这无疑给男装生产企业带来了更高的挑战。男装生产企业必须在激烈的市场竞争中不断地进行产品更新，去除其粗放的一面，从精细化入手，在品牌设计上更具个性化、精准化、时尚化，并缩短生产周期，提高产品质量，实现企业的精细化管理；同时也对生产企业的员工素质提出了更高的要求，懂设计、会制版、通工艺的综合型人才成为社会和企业的强烈需求。

在学校的服装专业教学中，也越来越注重服装企业急需的综合型人才的培养。教学计划中对服装款式设计、服装结构设计、服装缝制工艺都设置相应的课时，只是因专业方向的不同而有所侧重。本书就是我们在多年的教学和实践基础上编写而成的。

作为"潮流时装设计与制作系列"之一的《男装设计与制作》，我们努力完整地诠释男装设计、制版、成衣的全过程。为了增强可操作性，我们联合了大连富哥实业有限公司，他们提供了相应的技术支持，使得书本理论向制作更迈进了一步。

本书共分三篇十二章，其中第一至第三章主要由何歆编写，第五至第六章主要由刘艳斌编写，第八、第十章主要由常元编写，其余章节主要由杨旭编写，并由杨旭和刘艳斌共同统稿。参编人员还有王捷，为本书提供技术支持；杨旸、汪岩、高兴麟，做了大量的制表绘图、文字编辑等工作，在此表示感谢！

在写作本书的过程中，参考了大量的相关教材和书籍，在此对专家和作者深表谢意！由于水平有限，书中难免有不妥和疏漏之处，敬请各位专家、读者批评指正！

编者

目 录

男装设计基础

第一节　男装设计构思

　　设计的过程是复杂而有趣的，设计效果的好坏是设计综合素质高低的体现。对影响设计的各种要素的思考，对完善设计的各个环节的认识，以及对实施方案的可行性分析是保证设计效果的根本。设计构思的形成就是对构成设计的各种因素进行综合比较和挑选，找出对设计构思有利的因素，确定设计的切入点，从而制定出初步设计方案。

一、信息的导入与组织

　　对流行信息进行分析和组织，找出该时期流行的因素，并做出相应的设计反映，就能产生新的事物和方法。信息的导入与组织，可大致归纳为直接信息、间接信息、相关信息和综合信息等几个方面。

　　1. 直接信息

　　直接信息就是来自于现代传播手段和宣传媒介所展示的服装图片、服装表演、面料样品、流行色彩等视觉印象的直观感受。

　　2. 间接信息

　　间接信息来自于人们对生活时尚的关注与敏锐的观察，以及对多个时期流行服饰的分析，结合当前消费心理、生活装束、详细的市场调研而得到反馈信息，并以此对未来发展方向做出预测和判断。

　　3. 相关信息

　　相关信息来自于对民族服饰和民间服饰内涵的体验，以及对相关艺术如绘画、音乐、建筑、雕塑等方面的感悟所产生的设计灵感。

　　4. 综合信息

　　综合信息就是来自于社会进步和科技发展带来的审美观念的转变。新的价值观带来的新思潮，高科技带来的纺织技术革命，使设计面临新的挑战。

二、主题概念的推出

　　主题概念的确定和推出是我们认识设计、组织设计、完善设计的主要依据的来源，由此产生的设计主题明确，产品指向性强，具有自身特点，并且设计思路清晰，有着继续延伸的发展空间。主题概念的推出，可以从年代主题、地域主题、季节主题、文化主题等方面进行思考。

1. 年代主题

年代主题就是针对历史上某个时期衣着服饰流行的时代背景，结合现代审美，进行有效的提炼和升华，引发人们对那个时代的关注和回忆，满足现代人来自多方面的精神需求。

2. 地域主题

地域主题是指在人们印象中较有影响和较有特色的带有浓厚地域色彩和风土人情的地区，带给人们在设计上的联想，从而推出的设计主题。

3. 季节主题

季节对于设计师来说是一个非常重要的时间概念。对所处地区产品设计的季节周期、温差变化等方面的掌握，有利于设计师对产品做出有针对性的调整，在季节的各个黄金期做文章。

4. 文化主题

文化主题主要来自于对文学作品、哲学观念、审美趣向、传统文化、现代思潮以及设计发展的广泛关注和领悟。

三、设计个性的树立

对产品而言，具有个性的设计就是有特点的设计。个性是设计师经过长期实践和总结所形成的设计风格和设计特点。设计的个性特征包括设计师的生活阅历、文化修养、知识结构等方面，设计个性的树立是一个漫长的过程。

第二节　男装设计表现

设计的表现不仅是我们通常理解的画效果图，而且要求设计师对设计具有从平面到立体、从整体到局部的形象思维能力。

一、设计效果图的表现

设计效果图也称时装画，强调把构思的服装式样，通过艺术的夸张，呈现出着装纸面效果、款式特点、标准色彩、面料组合以及基本的材料质感，使我们能直观地感受设计。它同时也对夸张的部位，上下之间的比例，局部与整体的省略与表现都有一定的要求，以便使最后的着装效果符合最初的构思表现，如图1-1和图1-2所示。

二、款型结构的表现

款型结构的表现是在设计效果图的基础上对构成服装款式结构的具体表现，也是版型完善的依据、工

图1-1　男装设计
效果图（一）　　图1-2　男装设计
效果图（二）

艺实施的保证。它包括款型正背面组成结构、省位变化、开刀部位、纽扣的排列关系、袋口位置的详细图解等。款型结构表现的准确性是设计具体实施的重要依据，也是设计表现的重要组成部分，如图1-3所示。

图1-3　男装款型结构图

三、服饰配件、局部特点的表现

在设计上若有局部、装饰效果等特殊要求，就需要对这类设计做大样表现，并详细说明，如款式上有电脑绣花、局部镶拼、丝网花等。设计上只有做到准确的表现，才能使构思效果得到完整的体现。我们应该在此基础上，制定相应的工艺流程和技术规范，使设计表现得以具体体现，如图1-4和图1-5所示。

图1-4　服饰配件效果图（一）

图1-5　服饰配件效果图（二）

第二章

男装设计应用

第一节　材料应用

　　服装材料指的是构成服装整体的全部材料。按服装组成的结构层次，可分为面料、里料和辅料三大种类。从质地上分有天然纤维、化学纤维两大类。服装材料的种类不同，表达出来的材质性能、视觉效果、使用功效也不同。

一、材料的特性

　　材料的特性，一般指材料的特征和性能两方面。特征主要指直观感受到的材料肌理、厚薄、轻重等方面。性能主要指纤维含量、伸缩率、保暖透气以及后处理等方面。这些特性可以用目测、触摸等方式直观感受，对这些感受进行分析判断并加以表现，可使材料特性丰富展现，为设计服务。除此之外，从材料中产生的形状和颜色也是我们思考的重要因素。

　　1.毛呢面料

　　毛呢面料是男士套装常用的面料，有精纺毛料、粗纺毛料、长毛绒、羊绒、驼绒等种类。毛呢面料有保暖透气性好、穿着舒适、手感柔软、褶皱回复性好、可塑性强等性能特点，如图2-1和图2-2所示。

　　2.真丝面料

　　真丝面料常用于男士便装和衬衫，品种有双绉、电力纺、真丝斜纹、塔夫绸等。它的主要性能表现为色泽艳丽、悬垂性好、吸湿性佳、手感滑爽、穿着舒适等，如图2-3和图2-4所示。

　　3.棉质面料

　　棉质面料应用范围很广，像如今的男式休闲裤、牛仔裤等，都是典型的纯棉服装。棉布的种类繁多。棉质面料轻柔保暖、透气、吸湿性好，具有一定的耐磨力，而且洗涤方便，是男装四季常用的一种面料，特别是在内衣的运用上更为广泛，如图2-5和图2-6所示。

　　4.麻类面料

　　麻类面料主要是用苎麻、亚麻两种纺织纤维加工而成。我们常见的亚麻纤维，吸水性能和散发水分的性能比棉强，遇水后不易腐烂，而且纤维之间的拉力、弹性、膨胀力也会增大。大多用于夏季服装面料以及其他服装的辅料，如图2-7和图2-8所示。

　　5.化纤面料

　　运用化学提炼而产生的化学纤维，经过纺、织、染整个工艺处理而成的织物面料称为化纤面

图2-1　羊绒面料

图2-2　精纺面料

图2-3　真丝面料（一）

图2-4　真丝面料（二）

图2-5　棉质面料（一）

图2-6　棉质面料（二）

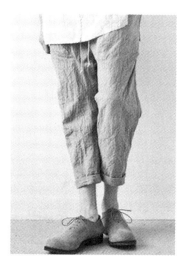

图2-7　麻类面料（一）

图2-8　麻类面料（二）

图2-9　化纤面料（一）

图2-10　化纤面料（二）

料。它分为合成纤维和再生纤维。化纤面料广泛用于男式外套、运动类服装和各种服饰品，如我们熟悉的的确良、腈纶汗衫等，如图2-9和图2-10所示。

二、材料的加工

材料的加工包括对材料本身进行分割使其立体化，以及对原材料和产品进行后处理，如水洗、拉毛、增柔、涂层、仿旧、植绒等。通过这些加工手段，原有的材料可以焕然一新，为设计增添内容。服装材料的特性决定着加工方式和服装样式的制定。服装材料是设计思维来源的组成部分，从服装材料中产生连续性设计也是设计中常用的手法之一。

第二节　色彩应用

男装设计中的服装色彩作为一项专门的课题，涉及色彩构成原理和色彩美学方面的系统知识。色彩语言的合理运用，有助于服装设计和服装效果的体现。男装色彩主要针对的是服装面料色彩、花形、纹样以及面料后处理的选择，包括单色和组合色彩的配搭协调。色彩的选择组合，需根据设计的色彩系列定位，做出明确判断；并通过反复对比，确定哪些为主色系，哪些为辅色系，主色与辅色之间的比例关系、各自面积大小等；再结合流行色，制定设计方案和用色计划。一个好的款型，若没有好的色彩配搭，将有失设计水准。设计应以一种职业的态度来考虑着装者的条件。男装色彩设计反映了设计师的综合素质，体现了设计师对色彩的敏感度、对色彩构成原理的认识、对流行色彩的体会、对色彩美感的表现等。因此，色彩作为服装的组成部分，设计师应对其性能进行深入理解，并通过反复实践，才能达到熟练的色彩组织能力，从而在设计中得心应手地运用色彩，表现设计效果。优秀男装设计的用色，往往依靠设计师运用对比与调和的高超技巧，既通过对比引起观者视觉的刺激，突出想要表达的主题，又运用调和的手法抑制过分的刺激，达到和谐的审美感受。因此，色彩的对比是绝对的，而调和是相对的；对比是目的，而调和是手段。

一、色彩的调和运用

一般而言，色彩不是单独存在的，当人们观察某一色彩时，必然会受到其周围其他色彩的影响。当两种或两种以上的色彩，有秩序地、协调地组织在一起时，使人产生愉快、满足的色彩搭配就叫作色彩调和。根据表现效果的不同，将调和分为类似调和与对比调和。

1. 类似调和

类似调和强调色彩要素中的一致性，追求色彩关系的统一感。在色相、明度和纯度三属性中，有一个或者两个属性相同（或近似），而只是变化其他两个或一个属性，就构成了类似调和的形态画面。两个属性相同的类似调和，比单属性相同的调和更具有一致性，统一感更强。特别是色相和明度相同的调和中，形态画面色彩近乎单调，这时只有加大纯度的差别才能增强调和感觉。一般情况下，男装设计中的类似调和提倡用同种色、类似色或者低纯度的色彩，因为这些色彩配置在一起时，对比不明显、不刺眼，整幅形态画面显得十分和谐统一，如图2-11～图2-14所示。

2. 对比调和

在对比调和中，色相、明度、纯度三者或部分或全部地处于对比状态。为了使对比色彩柔化或有序化，一般不是采用减少对比差距的方法，而是在对比色彩之间增加一些"过渡"，使"突变"转化为有序的"渐变"，从而达到调和的目的。通常在男装设计中采用的"过渡"方法有以下几种。

① 在强烈对比双色之间，加入相应的色彩等差或等比的渐变序列。

② 在对比双色中各自混入一些对比属性的过渡色，使两种色彩的差异进行平缓的过渡。

③ 在对比双色的面积中，嵌入一小块面积的对比色，或者在两块面积相邻处均加入同一种过渡色，使视觉得到了缓冲，增加了有序与和谐的感觉。

对比调和如图2-15和图2-16所示。

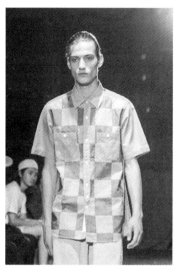

图2-11 类似调和男装
设计中的运用（一）

图2-12 类似调和男装
设计中的运用（二）

图2-13 类似调和男装
设计中的运用（三）

图2-14 类似调和男装
设计中的运用（四）

图2-15 对比调和男装设
计中的运用（一）

图2-16 对比调和男装设
计中的运用（二）

二、色彩的对比运用

在男装设计中，色彩的各种对比关系可直接影响到视觉层次的塑造，其中最有影响力的是色彩的明度对比，其次是色彩的色相对比和纯度对比。色彩间的明度对比、色相对比、纯度对比越强，层次越分明。所以在男装设计中，可以利用清晰明朗的色彩明度关系和色相、纯度等关系，制造简洁明晰的层次。

1.明度对比

明度对比是因色彩的明暗差异而形成的对比。在色彩的三属性中，明度对比的特点最明显，也最实用。不同明度的色彩在同一件男装设计中出现时，面积小的色彩明度会受面积大的色彩明度高低的影响；两种色彩在造型上的面积接近时，若二者明度不同，则都会显得明亮。因此，正面与其他面的色彩设计规律是，其他面色彩的明度应比正面主题色彩明度低一些，以保证正面主体在视觉上显得突出、鲜明，如图2-17～图2-20所示。

| 图2-17 明度对比在男装设计中的运用（一） | 图2-18 明度对比在男装设计中的运用（二） | 图2-19 明度对比在男装设计中的运用（三） | 图2-20 明度对比在男装设计中的运用（四） |

2.色相对比

由于色相差别形成的色彩对比，称为色相对比。色相对比的强与弱，是由对比的两种色彩在色相环上的距离之差来决定的；在色相对比中，具有强烈效果的是互补的色彩对比。如果不考虑其他因素，仅从男装设计色相对比的角度看，当想用服装上的背景色彩烘托主体色彩时，可分别给二者配置一对补色。这样一来，主体便因与大面积补色背景进行对比而更加鲜艳突出，如图2-21～图2-30所示。

3.纯度对比

纯度对比是因不同纯度的色彩组合而形成的对比。在男装设计中进行纯度对比时，将纯度差拉大以纯度低的色彩衬托纯度高的色彩，保证突出最纯的色彩，成为视觉中心，如图2-31～图2-34所示。例如纯正蓝色主体色彩在浅蓝色的背景色彩下显得格外醒目。

图2-21　色相对比在
男装设计中的运用（一）

图2-22　色相对比在
男装设计中的运用（二）

图2-23　色相对比在
男装设计中的运用（三）

图2-24　色相对比在
男装设计中的运用（四）

图2-25　色相对比在男装设计
中的运用（五）

图2-26　色相对比在男装设计
中的运用（六）

图2-27　色相对比在男装设计
中的运用（七）

图2-28　色相对比在男装设计
中的运用（八）

图2-29　色相对比在男装设计
中的运用（九）

图2-30　色相对比在男装设计
中的运用（十）

图2-31 纯度对比
在男装设计中的
运用（一）

图2-32 纯度对比
在男装设计中的
运用（二）

图2-33 纯度对比
在男装设计中的
运用（三）

图2-34 纯度对比
在男装设计中的
运用（四）

第三节 流行色的认识

流行的研究最初由法国、瑞士、日本等国家发起，于1963年建立了国际流行色协会，现有近20个成员国。参加国的条件是必须在本国建立相应的流行色研究机构，定期向协会提供色系资料和色系主题，并参加学术活动。流行色的发布是根据各成员国每年2次向协会提供的，代表该地区的色样，经专家评议而推出的既具有各地特色又符合国际流行标准的色谱。每年12月预测和确定2年后秋冬流行色，6月预测和确定2年后春夏流行色，流行色的发布对服装面料、服饰配件以及生活时尚都具有指导意义。

我国对流行色的研究和预测工作是从20世纪80年代初开始的，由丝绸、棉纺织印染等机构组成了中国流行色协会，成为正式会员国。这表明进入80年代以后，随着国民经济的发展、人们着装意识的提高，为适应新的国际竞争，我国已开始重视流行色的研究推广和应用。

流行色是指在一定时期内，具有相对流行范围而普遍受到人们喜爱的几种色调，是相对于常用色和超前色而言。某一色系的流行，不论是事前的预测还是事后实际存在，都可以称为流行色。流行色的制定对服装具有较为重要的指导意义，主要表现在以下几方面。

① 流行色的推出可促进新面料的开发与印染、后处理技术的提高，使设计具备了由流行色系产生的新材料和技术带来的新思维。

② 流行色系主题反映出的文化内涵以及对各主题灵感来源的研究分析，对设计的制定和产品战略计划的实施具有指导意义。

③ 流行色在服装上的成功运用可以刺激人们的购买欲望，形成广泛的消费群，使着装者在消费的同时体现流行的着装风范。

流行色的产生不是由人们的主观愿望所决定的，而是由社会思潮、经济状况、生态环境、审美心理、消费水平等综合因素所决定的。它反映了一个时期内人们在色彩观念上的变化，如当男士在白色衬衫一统天下时，有色衬衫、深色衬衫又会带来新的穿着时尚，其实衬衫的款式并未因此发生变化，只是有色彩而引发了新的一轮流行。通常流行色的发布时间充分考虑了印染、面料、服装生产的周期因素，这也为合理利用流行色创造了先觉条件。

第三章

男装风格分析

　　在服装领域，男装设计独具魅力，体现出不同于女装的风格特征。从社会审美、心理、意识和男装自身特点出发，分为古典风格、军装风格、前卫风格、女性化风格、解构主义风格、波普主义风格、朋克风格、休闲风格、嬉皮风格等几种，以下选取典型风格进行分析。

一、古典风格

　　古典风格在设计上讲究合理、节制、平衡、简洁，没有过多复杂的装饰，思维上往往带有强烈的唯美主义倾向。男装的古典风格主要受艺术上的古典主义思潮影响，在设计上概括为正统、简洁、传统、保守，造型整体合身，款式简洁大方，工艺制作精良，面辅料选用高档。色彩偏爱黑、藏蓝、深灰等深色系，以素色图案为主。穿着搭配讲究，内外搭配规范，受流行趋势影响不大。燕尾服、塔士多礼服、正规的羊毛套衫等也属此类。现代日常着装的古典风格男装设计，如2015 Balenciaga秋冬男装发布，摒弃一切装饰，简约到不能再做减法的设计好像精致的艺术品一样，表现出高端与奢华的气质，如图3-1～图3-6所示。

图3-1　2015 Balenciaga　　　　图3-2　2015 Balenciaga　　　　图3-3　2015 Balenciaga
秋冬男装（一）　　　　　　　　秋冬男装（二）　　　　　　　　秋冬男装（三）

图3-4　2015 Balenciaga
秋冬男装（四）

图3-5　2015 Balenciaga
秋冬男装（五）

图3-6　2015 Balenciaga
秋冬男装（六）

二、军装风格

　　军装风格，指从军装上得到启示而设计的具男性感的服装样式。军装款式有陆、海、空三军的服势，均以垫肩、肩章、编带、盖式贴口袋、金属扣子为其特征。军装风格在设计上以直线的、机能的、活动的细部居多。此外，还常配以军队的附属品，如军用包、军用鞋等，以进一步渲染军队调的主题。军装风格能够得到大多数男士的认可，并为之效仿，不仅使自身美观得体、实用精干，而且还体现了某种备受推崇的价值观念，这种观念与不同地域、不同时代人们的生活方式和审美追求、社会政治、经济状况和文化背景对服装的影响始终是联系在一起的，已成为影响现代服装主要的因素之一。在现代男装设计中，涉及军装主题的也较多，如在2012年的John Galliano秋冬男装，重新塑造了战争时期飞行员的形象；Y-3、Juun.J、Kenzo推出的复古风格的军装外套，兼具了舒适性与实用性，如图3-7～图3-12所示。

图3-7　2012 John Galliano
秋冬男装（一）

图3-8　2012 John Galliano
秋冬男装（二）

图3-9　2012 John Galliano
秋冬男装（三）

图3-10　2012 Juun.J秋冬男装　　　图3-11　2012 Kenzo秋冬男装　　　图3-12　2012 Y-3秋冬男装

三、前卫风格

前卫风格是与经典风格相对立的服装风格，是男装时尚潮流中最具创意的，受波普风格、摇滚风格、朋克风格、嬉皮风格、Hip-Hop风格等影响。服装主要给人以新奇、怪异、另类、反叛的视觉感受，在设计上通过与众不同的构思来表现出作品的独特性和设计师的个性。从客观上讲，前卫风格男装的设计理念和手法在某种程度上对当代男装的发展起着较大的推动作用。从社会意义而言，前卫风格带有强烈的对现实不满色彩，在设计中却不乏幽默、讥讽、开放、自由的手法，一切冲突都被包容并视为合理，如图3-13～图3-16所示。

 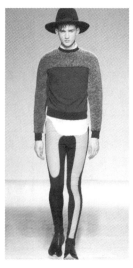 

图3-13　2014 John
Galliano秋冬男装
（一）

图3-14　2014 John
Galliano秋冬男装
（二）

图3-15　2014 Alexander
McQueen秋冬男装
（一）

图3-16　2014 Alexander
McQueen秋冬男装
（二）

四、女性化风格

在现代男装设计中，兼有女性色彩的中性化男装也纷纷出炉，男女装之间距离有越来越拉近的趋势，如外型紧身的衬衫、外套、针织衫等设计，在尺寸和风格上均已很难区分二者的差别。此外，T 型台上衣领敞开、露出胸肌的性感而精致的男士形象也很多。原本硬朗、刚强、执着、潇洒等男性专用词语让位于阴柔、羸弱、瘦小。在服装上，以往女装专用的蕾丝面料也大量在男装设计中使用，呈现了原本属于女性的柔美，女性化倾向已演变为男装设计的重要方向，如图 3-17 和图 3-18 所示。

图 3-17　2016 Burberry 春夏男装（一）

图 3-18　2016 Burberry 春夏男装（二）

五、解构主义风格

解构主义是从结构主义中演化而来的，即从破坏和分解到重组。解构主义风格是一种十分个性化的、随性的、反抗权威的、表现化的尝试，是后现代主义时期的设计探索形式之一，是一种对某种结构进行解构以使其骨架呈现出来的方式。在设计中的具体表现为，将上衣、裤子、领带、帽子和手套等解构拆分重组，放置于非常规位置，这种风格的设计在男装设计中具有颠覆性的影响，如图 3-19 ～图 3-21 所示。此类风格的设计师品牌有 Comme des Garcons、Martin Margiela、Hussein Chalayan、Issey Miyake 等。

六、波普主义风格

波普主义风格起源于 20 世纪 50 年代，以沃霍尔为代表的美国的波普艺术运动开拓者倡导声光影的幻彩诱惑，激发了人们对色彩的无限向往。波普主义的特点是短暂的、流行的、可消费的、低成本的、大量生产的、有创造力的以及商业化的。在男装设计中主要以波普式图案出现在 T 恤、衬衫、毛衫、西装中，色彩的运用打破了以往沉闷的中性色的传统，开始运用高明度的绿色、粉色、蓝色、柠檬黄以及这些色彩穿插的条纹图案带来跳跃的视觉效果，如图 3-22 和图 3-23 所示。

图 3-19　2014 Martin Margiela
　　　　秋冬男装（一）

图 3-20　2014 Martin Margiela
　　　　秋冬男装（二）

图 3-21　2014 Martin Margiela
　　　　秋冬男装（三）

图 3-22　2016 Junya Watanabe 春夏男装（一）　　　图 3-23　2016 Junya Watanabe 春夏男装（二）

第二篇

男装结构设计

男装结构设计基础

男装结构设计，即指针对所确定的男装款式，将此款服装中各衣片的形状及相对关系，用定量的图解表现出来。所有的图解也被称作结构图。结构设计既要实现款式设计的造型要求，又要对其进行修正和完善，同时也是指导缝制、制定工艺标准的依据。

男装结构设计的方法，主要有平面构成法和立体构成法。男装结构的变化与发展相对来讲比较稳定，更凸显的是细节和风格的变化，因此平面构成法用起来更简便，也更广泛，成为男装结构设计的主要使用方法；立体构成法则较适用于进行局部设计和特殊款式的造型设计，能够更加直观地看到成型的立体效果。

平面构成法又分为比例法和原型法，因使用习惯的不同而采用不同的方法。随着计算机技术的发展，服装CAD系统也应用于男装结构设计，极大地提高了生产效率。

在本书中，应用比例法和服装CAD系统进行男装结构设计的结构图绘制。

第一节　制图工具与制图符号

一、主要工具

1. 软尺

用于进行人体数据测量，也可以测量曲线长度。两面都有刻度，分别以厘米、英寸或市寸为单位，如图4-1所示。

2. 自动铅笔

绘制结构图或样板时一般用0.5mm或0.7mm的HB型自动铅笔；修正线宜选用彩色铅笔，如图4-2所示。

图4-1　软尺

图4-2　自动铅笔和橡皮

3.橡皮

用于擦掉制图中的错误之处，以更改调整结构图，如图4-2所示。

4.绘图纸

用于绘制不同比例、用途的纸样，包括白纸、牛皮纸、硫酸纸等。

5.比例尺

在结构设计中，除进行1：1制图外，还常进行各种放大或缩小比例的制图。比例尺的刻度按长度单位缩小或放大若干倍，以提高制图速度。有不同比例的比例尺供选择使用，常用的比例有1：5、2：1等，如图4-3所示。

6.直尺

用于绘制及测量直线。方眼定规尺用较软的透明塑料制成，可画平行线、净样板外加缝头线等，长度从30～60cm可供选用。20～30cm的直尺用于绘制小比例的结构图，如图4-3所示。

7.曲线板

用于画各种曲线。有各种弧度的曲线板，可应用于不同的部位，如侧缝、袖缝、袖窿、袖山、裆缝等，如图4-3所示。

8.三角板

用于画垂线或直角，也可以当作直尺使用或绘制特殊角度，如图4-3所示。

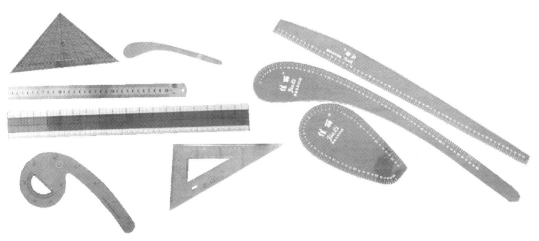

图4-3　画线工具（1：1和1：5比例的尺子）

9.量角器

用于绘制和测量夹角，如图4-4所示。

10.擦图片

由薄金属片制成的薄型图板，用于擦拭多余及需更正的线条，能够遮挡欲保留的图形不被擦掉，如图4-4所示。

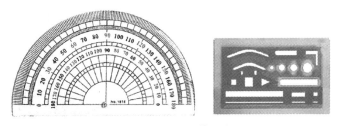

图4-4　量角器和擦图片

11.剪刀

用于纸样和面料的剪切，如图4-5所示。

12.透明胶带

用于纸样的粘贴、拼补等，如图4-5所示。

13.滚轮

用于复制纸样。在制图线上滚动，能够在下层留下针眼状印记，通过描点又得到一份结构图，如图4-5所示。

图4-5 剪刀、透明胶带和滚轮

二、常用制图符号

1.常用制图线型（表4-1）

表4-1 常用制图线型

序号	图形	名称	用途
1	——	粗实线	结构图绘制后的外部封闭轮廓线；内部分割线；部件的轮廓线
2	——	细实线	基础线；尺寸线和尺寸界线；辅助线
3	– – – –	虚线	处于下层的轮廓线；缝纫明线
4	–·–·–	点画线	对折线；翻折线

2.常用制图符号（表4-2）

表4-2 常用制图符号

序号	图形	名称	用途
1	V ◇	省道	表明要折掉或缝尽的部分
2	╫╫╫	褶裥	表明要进行折叠的部分，也可称为"活褶"。分为单褶和对褶。斜线的方向表示褶裥的倒向
3	∿	碎褶	表明要进行抽缝的部分，形成小型连续的立体褶裥
4	╲△□○	等量符号	表示若干要素长度相等
5	⌒	等分符号	表示对某线段进行等分
6	⌐	直角	表示两要素相互垂直成90°
7	⬦	对接符号	表示两片纸样要合并为一个整体
8	⋎	重叠	表示两部件相互重叠且长度相等
9	↑↓↕	纱向	表明经纱方向，单箭头表示面料的排放有方向性
10	⌢	归拢	表示需要熨烫归拢的部位
11	⋀	拔开	表示需要熨烫拉伸的部位

序号	图 形	名称	用 途
12	〜〜〜	缩缝	表示布料缝合时按照定量进行收缩缝制
13	＋	扣位	表示钉纽扣的位置
14	⊢——⊣	眼位	表示锁扣眼的位置和大小

3.常用部位代码（表4-3）

表4-3　常用部位代码

序号	部位	英 文	代码	序号	部位	英 文	代码
1	长度	Length	L	12	后颈点	Back Neck Point	BNP
2	胸围	Bust Girth	B	13	前中线	Front Center	FC
3	腰围	Waist Girth	W	14	后中线	Back Center	BC
4	臀围	Hip Girth	H	15	胸围线	Bust Line	BL
5	领围	Neck Girth	N	16	腰围线	Waist Line	WL
6	肩宽	Shoulder	S	17	臀围线	Hip Line	HL
7	袖长	Sleeve Length	SL	18	中臀线	Middle Hip Line	MHL
8	胸点	Bust Point	BP	19	肘围线	Elbow Line	EL
9	肩端点	Shoulder Point	SP	20	膝围线	Knee Line	KL
10	颈侧点	Side Neck Point	SNP	21	袖窿	Arm Hole	AH
11	前颈点	Front Neck Point	FNP				

第二节　人体测量

人体测量是保障服装行业设计与生产顺利进行的基础性工作，是服装人体工学的重要分支。通过正确地测量人体数据，能够对人体体型有正确客观的认识，使服装造型符合人体；能够使各部位的尺寸有可靠的依据，确保服装适合人体；所测数据能够应用于服装领域的研究与生产中，制定号型系列及档差标准。

与服装相关的人体测量方法有两大类，即直接测量法和间接测量法。直接测量法所采用的工具较为简单便捷，实施起来方便，并且能够获得常规的应用数据。目前，我国的人体测量以直接测量法为主。应用直接测量法可以测量长度、围度和成品规格；可以测量体表特征点的三维坐标数据，如对体表凸点和体表角度的测量，从而较好地判断人体外观状态和形状；也可以测量人体的活动范围，有助于设计服装的活动松量。现行的国家服装人体测量和号型标准等，在借鉴人类学和工效学知识及理论的基础上确定人体测量项目，人体测量方式就是以直接接触测量进行。

男体手工测量，通常采用的工具为腰围带、软尺、记录纸与笔。其中腰围带是为了确保腰围线维持在水平状态，进行精确测量而使用的。

在测量之前，要对测量对象认真观察，确认其体型特征。测量时，要求测量者站于测量对象的前侧方，持软尺时尽量以手背朝向所测部位，按照顺序，快速而准确地测量，并作好记录。注意软尺的松紧要适度，测量围度时，以放入两根手指并能轻轻转动软尺为宜。测量对象应尽可能地穿着内衣，两臂自然下垂站立，身体不得随意扭动。

经测量所得的数据，一般为人体净尺寸。

一、男体测量的基准点

基准点的选择，多在骨骼的端点、凸出点，或者肌肉的凸出点及凹进部位等。基准点所位于的相应直线或曲线，就是基准线。各处的基准线根据不同的情况，有相应的方向和形状。

为了使测量结果准确，可以先在基准点处粘贴较细小的标志线，标记出测量的基准点。在腰围线上，可以系一根细绳，用作腰围的基准线。

① 头顶点：人体头部的最高点，位于人体中心线上。

② 前颈点：颈部前窝处的中心点，因正位于人体正面的中心线上，也称颈中点。

③ 颈侧点：是位于颈根部，人体颈部最外侧的点。从人体正面观察，当视线与之持平时，即可确定此点。此点也是颈根围线与小肩线的交点。

④ 后颈点：颈后第七颈椎点的凸出点。

⑤ 肩端点：肩胛骨肩峰上端最向外凸出的点。该点与颈侧点相连组成了小肩线。

⑥ 肘点：尺骨上端、手臂外侧凸出的点。当上肢自然弯曲时，此点凸出显著。

⑦ 腕点：桡骨下端茎突处，小臂下端前方的凸出点。

⑧ 乳点：乳头的中心。

⑨ 脐点：肚脐的中心。

⑩ 腹凸点：从人体侧面观察，腹部向前最凸出的点。

⑪ 臀凸点：从人体侧面观察，臀部向后最凸出的点。

⑫ 膝点：人体前方膝关节的中心处。

⑬ 外踝点：人体踝关节向外凸出的点。

二、测量项目

我国的法定测量应用单位是厘米，有些国外的订单还是使用英制单位，也有部分人员沿用市制单位。换算公式如下。

1英寸=2.54厘米；1米=3尺；1米=10分（米）；1分（米）=10厘米。

1.长度测量

① 总体高：人体站姿，从头顶垂直测量至脚底，代表着服装的"号"。

② 颈椎点高：人体站姿，从第七颈椎点垂直测量至脚底，亦称"身长"。

③ 前腰节长：从颈侧点经过胸部最高点测量至腰围线。

④ 后腰节长：从颈侧点经过肩胛高点测量至腰围线。

⑤ 下体长：人体站姿，从腰围线垂直测量至脚底。

⑥ 膝长：人体站姿，从腰围线垂直测量至膝围线。

⑦ 立裆：人体站姿，从腰围线到股沟的长度；也可采用坐姿，从腰围线垂直测量至椅面。

⑧ 臀高：从腰围线测量到臀围线。

⑨ 臂长：从肩端点经肘点测量至腕点。

⑩ 肩臂长：人体站姿，从颈侧点经过肩端点、肘点测量至腕点。

2.围度测量

⑪ 头围：经前额、后枕骨围量一周。

⑫ 颈根围：经前、后颈点及颈侧点围量一周。

⑬ 胸围：在腋下，沿胸部水平围量一周。

⑭ 腰围：在人体腰部最细处水平围量一周。

⑮ 臀围：在人体臀部最丰满处水平围量一周。

⑯ 腹围：在人体腰围与臀围的中间处水平围量一周。

⑰ 大腿围：沿臀底部、大腿最粗处围量一周。

⑱ 臂围：在上臂最丰满处水平围量一周。

⑲ 臂根围：在上臂根部，经肩端点、腋下围量一周。

⑳ 腕围：在手腕最细处围量一周。

㉑ 掌围：手掌并拢，在最宽大处围量一周。

3. 宽度测量

㉒ 肩宽：在人体背后测量，两肩端点之间的水平距离。

㉓ 胸宽：两个前腋点之间的水平距离。

㉔ 背宽：两个后腋点之间的水平距离。

4. 其他

㉕ 通裆：从前腰中心经裆底，测量至后腰中心的长度。

人体测量方法如图4-6和图4-7所示。

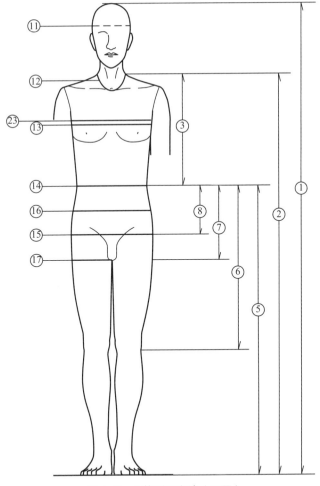

图4-6　人体测量方法（正面）

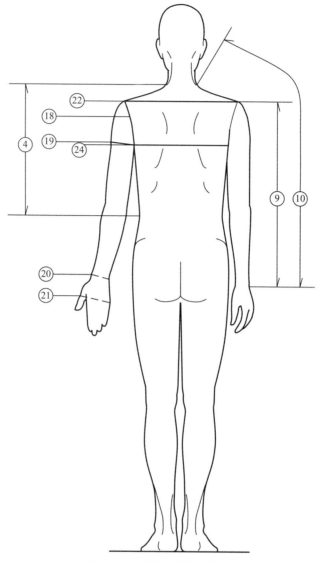

图4-7　人体测量方法（背面）

第三节　号型标准

目前我们使用的有GB/T1335.1—1997服装号型（男子），GB/T1335.2—1997服装号型（女子）和GB/T1335.3—1997服装号型（儿童）三个服装号型标准。

一、号型基础知识

服装号型是一种比较常用的服装规格的表示方法，是专业人员设计制作服装时确定尺寸大小的参考依据，也是消费者选购成衣时的尺寸依据。

1.号型定义

服装号型是根据正常人体的体型发展规律和使用需要，选出最有代表性的部位，经过合理归纳而设置的。

"号"指以厘米表示的人体高度，是设计和购买服装长短的依据；"型"指以厘米表示的人体围度，即人体的上体胸围或下体腰围，是设计和购买服装肥瘦的依据。

男子中间标准体为身高170cm、胸围88cm、腰围74cm。

2.体型分类

国家标准以人体胸围与腰围的差数为依据划分体型，并将人体体型分为四类，体型分类代号分别为Y、A、B、C。如某男子的胸腰差数在16 ~ 12cm，那么该男子属于A体型。四种体型划分的依据如表4-4所示。

表4-4　体型分类　　　　　　　　　　　　　　　　单位：cm

体型分类代号	Y	A	B	C
胸腰差	22 ~ 17	16 ~ 12	11 ~ 7	6 ~ 2

3.号型标注

号型的表示方法为号与型之间用斜线分开，后接体型分类代号。例如，上装170/88A，下装170/76A。

4.号型系列

号型系列以各体型中间体为中心，向两边依次递增或递减组成。服装规格也是以此为基础进行放缩档差来设计。

身高以5cm分档组成系列；胸围、腰围以4cm、3cm、2cm分档组成系列；身高与胸围、腰围搭配分别组成5·4、5·3和5·2号型系列。

若没有与自己号型一致的服装，这时可根据服装特点向上或向下靠档。例如目前男上装常采用的号型系列为170/88A、175/92A、180/96A等，若实际号型为173/85A，就必须向170/88A或175/92A号型靠档应用。

二、男装号型标准

GB/T1335.1—1997服装号型（男子）的各数据如下。

1.号型系列（表4-5 ~ 表4-8）

表4-5　⁵·⁴Y号型系列　　　　　　　　　　　　单位：cm

表4-5　5·4 5·2 Y号型系列　　　　　　　单位：cm

腰围＼身高＼胸围	155		160		165		170		175		180		185	
76			56	58	56	58	56	58						
80	60	62	60	62	60	62	60	62	60	62				
84	64	66	64	66	64	66	64	66	64	66	64	66		
88	68	70	68	70	68	70	68	70	68	70	68	70	68	70
92			72	74	72	74	72	74	72	74	72	74	72	74
96					76	78	76	78	76	78	76	78	76	78
100							80	82	80	82	80	82	80	82

表4-6　5·4 / 5·2 A号型系列　　　　　单位：cm

胸围 \ 身高·腰围	155			160			165			170			175			180			185		
72				56	58	60	56	58	60												
76	60	62	64	60	62	64	60	62	64	60	62	64									
80	64	66	68	64	66	68	64	66	68	64	66	68	64	66	68						
84	68	70	72	68	70	72	68	70	72	68	70	72	68	70	72	68	70	72			
88	72	74	76	72	74	76	72	74	76	72	74	76	72	74	76	72	74	76	72	74	76
92				76	78	80	76	78	80	76	78	80	76	78	80	76	78	80	76	78	80
96							80	82	84	80	82	84	80	82	84	80	82	84	80	82	84
100										84	86	88	84	86	88	84	86	88	84	86	88

表4-7　5·4 / 5·2 B号型系列　　　　　单位：cm

胸围 \ 身高·腰围	150		155		160		165		170		175		180		185	
72	62	64	62	64	62	64										
76	66	68	66	68	66	68	66	68								
80	70	72	70	72	70	72	70	72	70	72						
84	74	76	74	76	74	76	74	76	74	76	74	76				
88			78	80	78	80	78	80	78	80	78	80	78	80		
92			82	84	82	84	82	84	82	84	82	84	82	84	82	84
96					86	88	86	88	86	88	86	88	86	88	86	88
100							90	92	90	92	90	92	90	92	90	92
104									94	96	94	96	94	96	94	96
108											98	100	98	100	98	100

表4-8　5·4 / 5·2 C号型系列　　　　　单位：cm

胸围 \ 身高·腰围	150		155		160		165		170		175		180		185	
76			70	72	70	72	70	72								
80	74	76	74	76	74	76	74	76	74	76						
84	78	80	78	80	78	80	78	80	78	80	78	80				
88	82	84	82	84	82	84	82	84	82	84	82	84	82	84		
92			86	88	86	88	86	88	86	88	86	88	86	88	86	88
96			90	92	90	92	90	92	90	92	90	92	90	92	90	92
100					94	96	94	96	94	96	94	96	94	96	94	96
104							98	100	98	100	98	100	98	100	98	100
108									102	104	102	104	102	104	102	104
112											106	108	104	108	104	108

2.号型系列分档数值（表4-9）

表4-9 $\begin{smallmatrix}5 \cdot 4 \\ 5 \cdot 2\end{smallmatrix}$ 号型系列分档数值　　　　　单位：cm

体型	Y								A							
部位	中间体		5·4系列		5·2系列		身高①胸围②腰围③每增减1cm		中间体		5·4系列		5·2系列		身高①胸围②腰围③每增减1cm	
	计算数	采用数	计算数	采用数	计算数	采用数	计算数	采用数	计算数	采用数	计算数	采用数	计算数	采用数	计算数	采用数
身高	170	170	5	5	5	5	1	1	170	170	5	5	5	5	1	1
颈椎点高	144.8	145.0	4.51	4.00			0.90	0.80	145.1	145.0	4.5	4.00	4.00		0.90	0.90
坐姿颈椎点高	66.2	66.5	1.64	2.00			0.33	0.40	66.3	66.5	1.86	2.00			0.37	0.40
全臂长	55.4	55.5	1.82	1.50			0.36	0.30	55.3	55.5	1.71	1.50			0.34	0.30
腰围高	102.6	103.0	3.35	3.00	3.35	3.00	0.67	0.60	102.3	102.5	3.11	3.00	3.11	3.00	0.62	0.60
胸围	88	88	4	4			1	1	88	88	4	4			1	1
颈围	36.3	36.4	0.89	1.00			0.22	0.25	37.0	36.8	0.98	1.00			0.25	0.25
总肩宽	43.6	44.0	1.97	1.20			0.27	0.30	43.7	43.6	1.11	1.20			0.29	0.30
腰围	69.1	70.0	4	4	2	2	1	1	74.1	74	4	4	2	2	1	1
臀围	87.9	90.0	2.99	3.20	1.50	1.60	0.75	0.80	90.1	90.0	2.91	3.20	1.50	1.60	0.73	0.80
颈椎点高	145.4	145.5	4.54	4.00			0.90	0.80	146.1	146.0	4.57	4.00			0.91	0.80
坐姿颈椎点高	66.9	67.0	2.01	2.00			0.40	0.40	67.63	67.5	1.98	2.00			0.40	0.40
全臂长	55.3	55.5	1.72	1.50			0.34	0.30	55.4	55.5	1.84	1.50			0.37	0.30
腰围高	101.9	102.0	2.98	3.00	2.98	3.00	0.60	0.60	101.6	102.0	3.00	3.00	3.00	3.00	0.60	0.60
胸围	92	92	4	4			1	1	96	96	4	4			1	1
颈围	38.2	38.2	1.13	1.00			0.28	0.25	38.5	38.6	1.18	1.00			0.30	0.25
总肩宽	44.5	44.4	1.13	1.20			0.28	0.30	45.3	45.2	1.18	1.20		0.30		0.30
腰围	82.8	84	4	4	2	2	1	1	92.6	92	4	4	2	2	1	1
臀围	94.1	95.0	3.04	2.80	1.52	1.40	0.76	0.70	98.1	97.0	2.91	2.80	1.46	1.40	0.37	0.70

① 表中身高所对应的高度部位是颈椎点高、坐姿颈椎点高、全臂长、腰围高。

② 表中胸围所对应的围度部位是颈围、总肩宽。

③ 表中腰围所对应的围度部位是臀围。

3.号型系列控制部位数值（表4-10～表4-13）

控制部位数值是指人体主要部位的数值（系净体数值），是设计服装规格的依据。

表4-10　$^5_5:^4_2$Y号型系列控制部位数值　　　　单位：cm

部位	数　　值													
身高	155		160		165		170		175		180		185	
颈椎点高	133.0		137.0		141.0		145.0		149.0		153.0		157.0	
坐姿颈椎点高	60.5		62.5		64.5		66.5		68.5		70.5		72.5	
全臂长	51.0		52.5		54		55.5		57		58.5		60.0	
腰围高	94		97		100		103.0		106.0		109.0		112.0	
胸围	76		80		84		88		92		96		100	
颈围	33.4		34.4		35.4		36.4		37.4		38.4		39.4	
总肩宽	40.4		41.6		42.8		44		45.2		46.4		47.6	
腰围	56	58	60	62	64	66	68	70	72	74	76	78	80	82
臀围	78.8	80.4	82	83.6	85.2	86.8	88.4	90.0	91.6	93.2	94.8	96.4	98	99.6

表4-11　$^5_5:^4_2$A号型系列控制部位数值　　　　单位：cm

部位	数　　值																				
身高	155			160			165			170			175			180			185		
颈椎点高	133.0			137.0			141.0			145.0			149.0			153.0			157.0		
坐姿颈椎点高	60.5			62.5			64.5			66.5			68.5			70.5			72.5		
全臂长	51.0			52.5			54			55.5			57			58.5			60.0		
腰围高	93.5			96.5			99.5			102.5			105.5			108.5			111.5		
胸围	72			76			80			84			88			92			96			100
颈围	32.8			33.8			34.8			35.8			36.8			37.8			38.8			39.8
总肩宽	38.8			40.0			41.2			42.4			43.6			44.8			46.0			47.2
腰围	56	58	60	60	62	64	64	66	68	68	70	72	72	74	76	76	78	80	80	82	84	84	86	88
臀围	75.6	77.2	78.8	78.8	80.4	82.0	82.0	83.6	85.2	85.2	86.8	88.4	88.4	90	91.6	91.6	93.2	94.8	94.8	96.4	98.0	98.0	99.6	101.2

表4-12　$^5_5:^4_2$B号型系列控制部位数值　　　　单位：cm

部位	数　　值						
身高	155	160	165	170	175	180	185
颈椎点高	133.5	137.5	141.5	145.5	149.5	153.5	157.5
坐姿颈椎点高	61.0	63.0	65.0	67.0	69.0	71.0	73.0
全臂长	51.0	52.5	54	55.5	57	58.5	60.0
腰围高	93.0	96.0	99.0	102.0	105.0	108.0	111.0

续表

部位	数 值																		
胸围	72		76		80		84		88		92		96		100		104		108	
颈围	33.2		34.2		35.2		36.2		37.2		38.2		39.2		40.2		41.2		42.2	
总肩宽	38.4		39.6		40.8		42.0		43.2		44.4		45.6		46.8		48.0		49.2	
腰围	62	64	66	68	70	72	74	76	78	80	82	84	86	88	90	92	94	96	98	100
臀围	79.6	81.0	82.4	83.8	85.2	86.6	88.0	89.4	90.8	92.2	93.6	95.0	96.4	97.8	99.2	100.6	102.0	103.4	104.8	106.2

表4-13　$\frac{5 \cdot 4}{5 \cdot 2}$ C号型系列控制部位数值　　　　单位：cm

部位	数 值																		
身高	155		160		165		170		175			180			185				
颈椎点高	134.0		138.0		142.0		146.0		150.0			154.0			158.0				
坐姿颈椎点高	61.5		63.5		65.5		67.5		69.5			71.5			73.5				
全臂长	51.0		52.5		54.0		55.5		57.0			58.5			60.0				
腰围高	93.0		96.0		99.0		102.0		105.0			108.0			111.0				
胸围	76		80		84		88		92		96		100		104		108		112
颈围	34.6		35.6		36.6		37.6		38.6		39.6		40.6		41.6		42.6		43.6
总肩宽	39.2		40.4		41.6		42.8		44.0		45.2		46.4		47.6		48.8		50.0
腰围	70	72	74	76	78	80	82	84	86	88	90	92	94	96	98	100	102	104	106	108
臀围	81.6	83.0	84.4	85.8	87.2	88.6	90.0	91.4	92.8	94.2	95.6	97.0	98.4	99.8	101.2	102.6	104.0	105.4	106.8	108.2

三、5·3系列男装号型标准

虽然5·3系列已经从国家标准中废除，但是针对不同款式的合体程度及结构的要求，在某些具体款式的制版或推版时使用5·3系列的数据来跳档还是比较实用和方便的。这里把5·3系列男装号型标准单独列表如下。

1.号型系列（表4-14～表4-17）

表4-14　5·3Y号型系列　　　　单位：cm

胸围 \ 身高 / 腰围	155	160	165	170	175	180	185
75		56	56	56			
78	59	59	59	59	59		
81	62	62	62	62	62		
84	65	65	65	65	65	65	
87	68	68	68	68	68	68	68
90		71	71	71	71	71	71
93		74	74	74	74	74	74
96			77	77	77	77	77
99				80	80	80	80

表4-15　5·3A号型系列　　　　　　　　　　　　单位：cm

胸围＼身高腰围	155	160	165	170	175	180	185
72		58	58				
75	61	61	61	61			
78	64	64	64	64			
81	67	67	67	67	67		
84	70	70	70	70	70	70	
87	73	73	73	73	73	73	73
90		76	76	76	76	76	76
93		79	79	79	79	79	79
96			82	82	82	82	82
99				85	85	85	85

表4-16　5·3B号型系列　　　　　　　　　　　　单位：cm

胸围＼身高腰围	150	155	160	165	170	175	180	185
72	63	63	63					
75	66	66	66	66				
78	69	69	69	69	69			
81	72	72	72	72	72			
84	75	75	75	75	75	75		
87		78	78	78	78	78	78	
90		81	81	81	81	81	81	
93		84	84	84	84	84	84	84
96			87	87	87	87	87	87
99				90	90	90	90	90
102					93	93	93	93
105					96	96	96	96
108						99	99	99

表4-17　5·3C号型系列　　　　　　　　　　　　单位：cm

胸围＼身高腰围	150	155	160	165	170	175	180	185
75	71	71	71	71				
78	74	74	74	74	74			
81	77	77	77	77	77			
84	80	80	80	80	80	80		
87	83	83	83	83	83	83	83	
90		86	86	86	86	86	86	86
93		89	89	89	89	89	89	89
96		92	92	92	92	92	92	92
99			95	95	95	95	95	95

续表

腰围＼身高 胸围	150	155	160	165	170	175	180	185
102				98	98	98	98	98
105				101	101	101	101	101
108					104	104	104	104
111						107	107	107

2. 号型系列分档数值（表4-18）

表4-18　5·3号型系列分档数值　　　　　　　　　　　　单位：cm

体型	Y						A					
部位	中间体				身高、胸围、腰围，每增减1cm		中间体				身高、胸围、腰围，每增减1cm	
	计算数	采用数	计算数	采用数	计算数	采用数	计算数	采用数	计算数	采用数	计算数	采用数
身高	170	170	5	5	1	1	170	170	5	5	1	1
颈椎点高	144.8	145.0	4.51	4.00	0.90	0.80	145.1	145.0	4.50	4.00	0.90	0.80
坐姿颈椎点高	66.2	66.5	1.64	2.00	0.33	0.40	66.3	66.5	1.86	2.00	0.37	0.40
全臂长	55.4	55.5	1.82	1.50	0.36	0.30	55.3	55.5	1.71	1.50	0.34	0.30
腰围高	102.6	103.0	3.35	3.00	0.67	0.60	102.3	102.5	3.11	3.00	0.62	0.60
胸围	88	88	3	3	1	1	88	88	4	4	1	1
颈围	36.3	36.4	0.67	0.7	0.22	0.25	37.0	36.8	0.98	1.00	0.25	0.25
总肩宽	43.6	44.0	0.81	0.90	0.27	0.30	43.7	43.6	1.11	1.20	0.29	0.30
腰围	69.1	70.0	3	3	1	1	74.1	74.0	4	4	1	1
臀围	90.0	90.0	2.24	2.40	0.75	0.80	90.1	90.0	2.91	3.20	0.73	0.80
颈椎点高	145.4	145.5	4.54	4.00	0.90	0.80	146.1	146.0	4.57	4.00	0.91	0.80
坐姿颈椎点高	66.9	67.0	2.01	2.00	0.40	0.40	67.63	67.5	1.98	2.00	0.40	0.40
全臂长	55.3	55.5	1.72	1.50	0.34	0.30	55.4	55.5	1.84	1.50	0.37	0.30
腰围高	101.9	102.0	2.98	3.00	0.60	0.60	101.6	102.0	3.00	3.00	0.60	0.60
胸围	92	92	3	3	1	1	96	96	3	3	1	1
颈围	38.2	38.2	0.85	0.75	0.28	0.25	38.5	38.6	0.95	0.75	0.30	0.25
总肩宽	44.5	44.4	0.85	0.90	0.28	0.30	45.3	45.2	0.90	0.90	0.30	
腰围	82.8	84	3	3	1	1	92.6	92	3	3	1	1
臀围	94.1	95.0	2.28	2.10	0.76	0.70	98.1	97.0	2.19	2.10	0.37	0.70

注：1. 表中身高所对应的高度部位是颈椎点高、坐姿颈椎点高、全臂长、腰围高。

2. 表中胸围所对应的围度部位是颈围、总肩宽。

3. 表中腰围所对应的围度部位是臀围。

3.号型系列控制部位数值（表4-19 ~ 表4-22）

表4-19　5·3 Y 号型系列控制部位数值　　　　　　　　单位：cm

部位	数　　值								
身高	155		160		165	170	175		180	185
颈椎点高	133.0		137.0		141.0	145.0	149.0		153.0	157.0
坐姿颈椎点高	60.5		62.5		64.5	66.5	68.5		70.5	72.5
全臂长	51.0		52.5		54.0	55.5	57.0		58.5	60.0
腰围高	94.0		97.0		100.0	103.0	106.0		109.0	112.0
胸围	75	78	81	84		87	90	93	96	99
颈围	33.20	33.95	34.70	35.45		36.20	36.95	37.70	38.45	39.20
总肩宽	40.2	41.1	42.0	42.9		43.8	44.7	45.6	46.5	47.4
腰围	56	59	62	65		68	71	74	77	80
臀围	78.8	81.2	83.6	86.0		88.4	90.8	93.2	95.6	98.0

表4-20　5·3 A 号型系列控制部位数值　　　　　　　　单位：cm

部位	数　　值									
身高	155		160		165	170	175		180	185	
颈椎点高	133.0		137.0		141.0	145.0	149.0		153.0	157.0	
坐姿颈椎点高	60.5		62.5		64.5	66.5	68.5		70.5	72.5	
全臂长	51.0		52.5		54.0	55.5	57.0		58.5	60.0	
腰围高	93.5		96.5		99.5	102.5	105.5		108.5	111.5	
胸围	72	75	78	81	84	87	90	93	96	99
颈围	32.85	33.60	34.35	35.10	35.85	36.60	37.35	38.10	38.85	39.60
总肩宽	38.9	39.8	40.7	41.6	42.5	43.4	44.3	45.2	46.1	47.0
腰围	58	61	64	67	70	73	76	79	82	85
臀围	77.2	79.6	82.0	84.4	86.8	89.2	91.6	94.0	96.4	98.8

表4-21　5·3 B 号型系列控制部位数值　　　　　　　　单位：cm

部位	数　　值												
身高	155		160		165		170	175		180		185	
颈椎点高	133.5		137.5		141.5		145.5	149.5		153.5		157.5	
坐姿颈椎点高	61.0		63.0		65.0		67.0	69.0		71.0		73.0	
全臂长	51.0		52.5		54.0		55.5	57.0		58.5		60.0	
腰围高	93.0		96.0		99.0		102.0	105.0		108.0		111.0	
胸围	72	75	78	81	84	87	90	93	96	99	102	105	108
颈围	32.25	34.00	34.75	35.50	36.25	37.00	37.75	38.50	39.25	40.00	40.75	41.50	42.25
总肩宽	38.5	39.4	40.3	41.2	42.1	43.0	43.9	44.8	45.7	46.6	47.5	48.4	49.3
腰围	63	66	69	72	75	78	81	84	87	90	93	96	99
臀围	80.3	82.4	84.5	86.6	88.7	90.8	92.9	95.0	97.1	99.2	101.3	103.4	105.5

表4-22　5·3 C号型系列控制部位数值　　　　　　　　单位：cm

部位	数　　值											
身高	155		160		165		170		175		180		185
颈椎点高	134.0		138.0		142.0		146.0		150.0		154.0		158.0
坐姿颈椎点高	61.5		63.5		65.5		67.5		69.5		71.5		73.5
全臂长	51.0		52.5		54.0		55.5		57.0		58.5		60.0
腰围高	93.0		96.0		99.0		102.0		105.0		108.0		111.0
胸围	75	78	81	84	87	90	93	96	99	102	105	108	111
颈围	34.35	35.10	35.85	36.60	37.35	38.10	38.85	39.60	40.35	41.10	41.85	42.60	43.35
总肩宽	38.9	39.8	40.7	41.6	42.5	43.4	44.3	45.2	46.1	47.0	47.9	48.8	49.7
腰围	71	74	77	80	83	86	89	92	95	98	101	104	107
臀围	82.3	84.4	86.5	88.6	90.7	92.8	94.9	97.0	99.1	101.2	103.3	105.4	107.5

第四节　加放量

　　服装以人为主体，其造型的变化始终围绕着人体这个基本框架。为了达到穿着舒适、造型美观的目的，服装与人体之间存在着一定的空隙量。这个空隙量使得服装的围度和长度对于相应的各个部位净尺寸有一定增加量，用具体数值定量地来表示，就是服装加放量。服装加放量是影响服装与人体之间距离以及服装最终造型的重要因素。

　　服装加放量在围度上的表现更加突出。

一、空间折转量

　　即使制作紧身衣，成衣的胸围也会存在一定的放松量。可以通过试验的方法得到这一结论。我们运用立裁手段，采用一系列标准人台，使用32支线白坯布，制作贴体紧身造型的上衣，并进行测量得到数据：紧身衣的胸围规格比人台的净胸围平均多出2.5cm（由于面料在外围包裹人体，由面料组成的服装的围度必然要大于人体的围度）。在制作贴体紧身结构服装的前提下，成衣的围度规格与人体围度净尺寸之间形成的差量，称为"空间折转量"。空间折转量是设计成衣规格的基础加放量。

　　影响空间折转量的因素有面料的厚度、人体围度的大小等。

二、松量

　　在穿用过程中，服装要满足人体穿着舒适、运动、审美的需求，因此在设计服装结构和制作服装时，相对于人体的围度、宽度等数据，就要给予一定的放松量，简称松量。现将松量的计算简要概括如下。

　　围度的松量=生理松量+加套松量+造型松量。

　　① 生理松量=净胸围×（12%～14%），当净胸围=88cm时，生理松量为10～12cm。

　　② 计算由于穿衣厚度引起的围度松量时，可将人体简化为圆筒形体。加套一定厚度的内层

衣物会使其外围长度增加，我们可以推算出加套松量=外围长度增加量=$2\pi \times$衣物厚度。例如，内穿0.5cm厚的毛衫，则加套松量=$2\pi \times 0.5$=3（cm）。

③ 造型松量要根据不同品类服装的合体程度而设计。对于男装胸围规格而言，一般合体型服装，造型松量为0～4cm；松身型服装，造型松量为4～8cm；宽松型服装，造型松量为8～12cm；特宽松型服装，造型松量为12 cm以上。对于衬衫、西服等，造型松量应稍小；对于夹克衫、外套等服装，造型松量可适度加大。

此外，服装松量还要受到以下几个因素的影响：服装的衬里；人体运动的幅度；不同地区的自然环境和生活习惯；款式的特点和要求；衣料的厚度和性能；工作性质以及功能需要；个人爱好与穿着要求等。

因此，空间折转量和松量，都是设计成衣规格时需要考虑的加放量。

由于加放量的不同，服装与人体间的空隙量也有所不同。加入适当的加放量，可以得到穿着舒适的服装；调整加放量的大小，可以改变服装各个部位与人体间的空隙量，使外部的轮廓发生变化，进而得到理想的空间关系和造型形式，同时达到改善体型的目的；还可以加以填充料等，进行夸张造型，更好地为服装设计服务。

男装常用的加放量可以参考表4-23。

表4-23　男装常用品类加放量　　　　　　　　　　　单位：cm

品　　　种	加放量	品　　　种	加放量
合体西服	12～16	松身外套	20～24
松身西服	16～20	夹克衫	22左右
加套羊毛衫西服	20～24	马甲	8～10
合体男衬衫	10～14	合身男裤	8～12
一般男衬衫	14～18	西裤	14～18
宽松男衬衫	18～22	修身裤	4～6
特宽松男衬衫	22以上	牛仔裤	0～4
合体外套	16～20	老板裤	18～22

注：上装应用数据为胸围加放量，下装应用数据为臀围加放量。

第五节　男装基本型

不论下装还是上装的基本型，均采用合身的造型。

绘制基本型时应用的规格，均以男子中间标准体（身高170cm，胸围88cm，腰围74cm，臀围90cm）数据为基础。

一、男裤基本型

1.数据应用

① 腰围：加放0～2cm，腰头位于中腰。

② 臀围：加放10cm。

③ 立裆：应用坐高的测量数据，加放2cm。

2. 制图方法

基本型的基础线绘制如图4-8所示，基本型的结构线绘制如图4-9所示，基本型的完成图如图4-10所示。

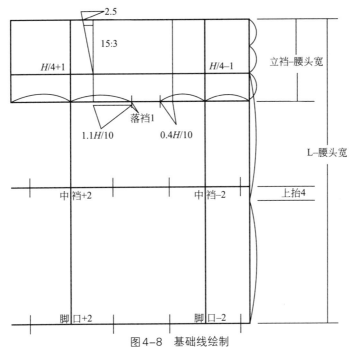

图4-8　基础线绘制

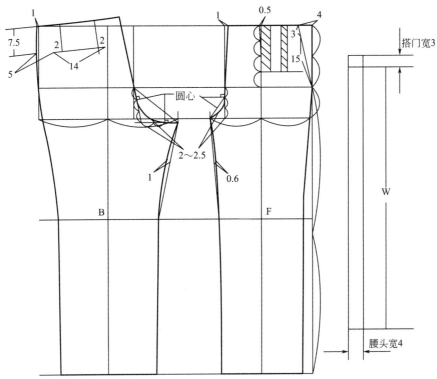

图4-9　结构线绘制

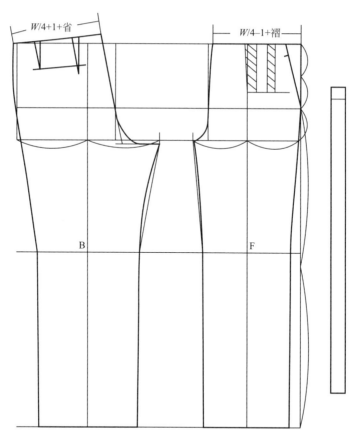

图4-10　完成图

3.制图规格

号型	部位	裤长	腰围	臀围	立裆	中裆	脚口宽
170/74A	规格	103cm	76cm	100cm	28cm	25cm	24cm

4.制图说明

（1）臀围、腰围的分配　前片臀大使用$H/4-1$，后片臀大使用$H/4+1$。通常情况下，腰围的分配方法与臀围一致，采用相同的比例数和调节数。

（2）后裆斜线　后裆直线为了适应人体臀凸点向上到腰节线的倾斜角度，需要有适当的倾斜量，即后裆斜势；为了满足人体向前运动所需要的伸长量，后裆斜线上端还要有一定的起翘量。后裆斜势与后裆起翘成正比关系。

（3）褶裥、省的设计　褶裥和省的存在，一方面能够满足臀凸和腹凸的造型需要，另一方面能够调整腰大，影响侧缝的绘制和造型。褶量和省量的多少取决于臀围和腰围的差量，即臀腰差。褶裥和省的个数可以为1～2个，单个褶量不大于3cm，单个省量不大于2.5cm。

（4）后落裆　后片下裆线的长度会大于前片下裆线，二者必须长度相等才能缝合，因此产生了落裆，并通过调整后落裆的大小来使两条下裆线等长。

（5）裆宽　从某种程度上讲，总裆宽显示了人体的厚度。大裆宽应用（1.1-1.2）$H/10$，小裆宽应用$0.4H/10$，则总裆宽为（1.5-1.6）$H/10$。

（6）脚口、中裆　直筒裤的脚口数据比较大，中裆数据与之接近；裤管的合体性与造型不同，则二者的数据也会各自不同。中裆线位置的高低可以根据不同款式的要求进行设计调整，这里属直筒裤，中裆线适当上抬。

（7）腰头宽　根据款式的不同，腰头宽度常在3.5 ~ 4cm范围内变化。

二、上装基本型

1.数据应用

① 衣长：使用前腰节的数据，或者号/4的计算值。

② 胸围：加放16cm。

2.制图方法

基本型的衣身基础线绘制、结构线绘制、完成图如图4-11 ~ 图4-13所示，基本型的衣袖基础线绘制、结构线绘制、完成图如图4-14 ~ 图4-16所示。

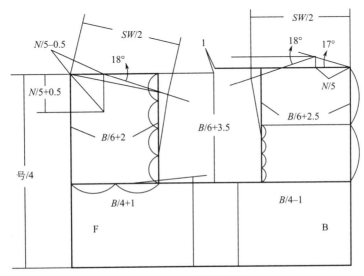

图4-11　衣身基础线绘制

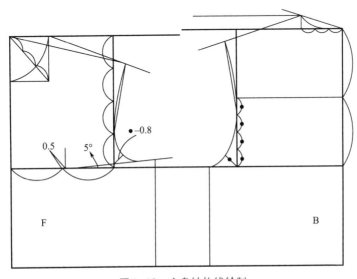

图4-12　衣身结构线绘制

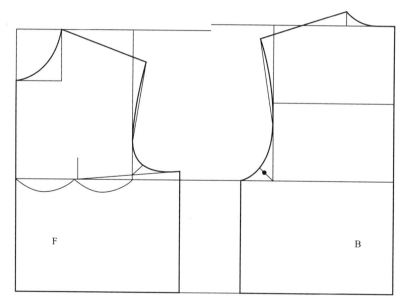

图4-13　衣身完成图

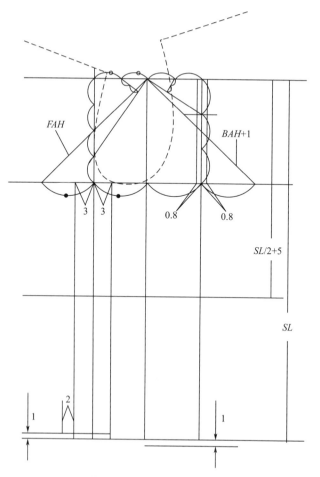

图4-14　衣袖基础线绘制

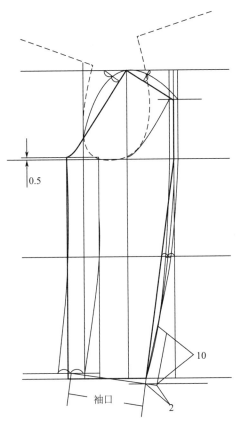

图4-15 衣袖结构线绘制

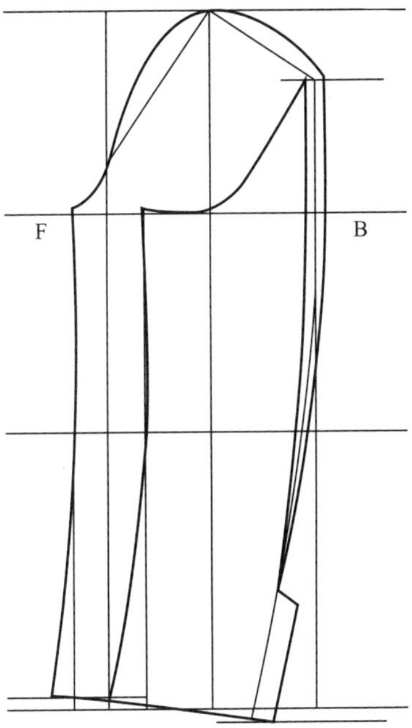

图4-16 衣袖完成图

3.制图规格

号型	部位	衣长	胸围	肩宽	领大	袖长	袖口围
170/88A	规格	42.5cm	104cm	44cm	39cm	58cm	29cm

4.制图说明

① 上装的胸围分配有两种形式：四开身、三开身。

四开身结构中，合体或修身的款式会应用前胸大$B/4+1$、后胸大$B/4-1$的分配形式，能够让侧缝线与人体更精确地对位；而相对宽松的款式中常会应用前后胸大同为$B/4$的分配形式。

② 男性肩斜平均角度为19°。该基本型中用18°，与撇胸、育克等结构配合使用。

③ 前片袖窿底部预留了前胸角度，可以通过以下方法进行应用。

男西服、大衣等常应用撇胸，使得横开领增大，肩斜角度变为20°，并在缝制门、里襟时做适量归缩处理，以达到胸部凸面的造型。

有些风衣等款式在胸高的下1/4附近做育克分割，可将前胸角度全部或部分留在其中，肩斜角度不变。

衬衫、风衣等款式前片没有分割线，也不使用撇胸，则可用将部分前胸角度留作袖窿松量、适当增大肩斜角度为19°、下摆侧缝处起翘等方法解决胸高角度。

④ 后片在袖窿上端预留了肩胛角度，约1cm的量，可以通过以下方法进行应用。

男西服、大衣等常将部分肩胛角度转移至小肩线中，使得后小肩线长于前小肩线0.5～0.8cm，缝制时做归缩、缩缝处理；转移至袖窿中的少量部分要进行归缩。

衬衫和有些风衣的款式在背高的上1/4附近做育克分割，可将肩胛角度全部或部分留在其中，肩斜角度不变。

一些宽松款式没有分割线，则可用将部分肩胛角度留作袖窿松量、适当增大肩斜角度等方法解决肩胛角度，做后背造型。

⑤ 后背缝可依据款式需要做成合体的形状。

⑥ 领窝、袖窿的数据都是合体结构的，如果不考虑特殊造型的话，应该是能够满足穿着需求的最小数据。

⑦ 袖子为合体的两片袖结构。袖子结构必须与衣身袖窿的结构变化相结合，男装两片袖的袖窿是圆袖窿，要求与之相配的袖山成形之后也呈圆形。成品的袖子袖山圆而饱满，其袖中线与水平线成60°夹角，这种结构并不适合手臂的大范围运动，强调的是小范围活动下的一种静态美。这种高袖山结构的两片袖，袖山高＝袖窿均深×5/6。

⑧ 袖山的长度大于袖窿的长度3～4cm，作为吃势，使袖山隆起饱满。

袖身要有前斜，以适应整个手臂略微向前的趋势，即前势。在控制前势的结构中，前、后腋点以上的部位将起到更加关键的作用，前袖山的形状引导了袖身向前倾斜的方向，而后袖山的形状使后背处的袖身圆满且有松量。前后袖山曲线的隆起程度改变了袖身整体的前斜程度，前袖山的隆起程度要小于后袖山。基于此，袖山的吃势分配可以设计为前袖山（前腋点以上部分）约占45%，后袖山（小袖山的袖中线向后2cm处以上部分）上部约占40%，后袖山下部约占15%，袖山底部（前述两点之间的袖山部分）理论上无吃量，但因为缝制时袖山和袖窿的缝份都要倒向袖身，因此需要0.3～0.5cm的缩缝量。

男裤结构设计与实例

第一节　男裤

一、男裤的分类

（1）按裤子长度分类　可分为长裤、中长裤、短裤等，如图5-1所示。

（2）按裤管造型分类　可分为筒裤（H型）、锥形裤（Y型）、喇叭裤（A型）等，如图5-2所示。

（3）按功能用途分类　可分为运动裤（又可细分为登山裤、滑雪裤、马裤、健美裤等）、家居裤、防护裤（如防火、防酸碱等）。

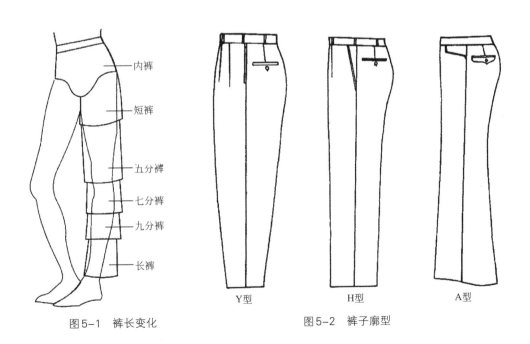

图5-1　裤长变化　　　　　图5-2　裤子廓型

二、男裤结构设计

裤装有裆部，立裆以上部分裹覆于人体臀腹部。由于人体臀腹部呈凸起曲面，下肢运动范围和幅度比较大，因此裤子的结构必须满足人体静态和动态两方面的需要，才能既美观又适体。

（一）裤装围度设计

1.腰围

人体静立自然呼吸状态下测得的腰围尺寸为净腰围尺寸。当人体运动或坐立时，腰围会产生 1～3cm 的增量。考虑到束腰后的美观性，合体裤子腰围松量一般为 0～2cm（弹性面料除外）；而一些宽松造型的裤子，腰围松量可适当加放 2～4cm，以满足造型的需要。

2.臀围

人体静立时臀围最丰满处围量一周的尺寸为净臀围尺寸。人体臀部运动时，臀部肌肉扩张会使臀围尺寸增加 1～4cm，因此臀围最小松量为 4cm（弹性面料除外），一般贴体裤松量为 0～6cm，较贴体裤松量为 6～12cm，较宽松裤松量为 12～18cm。

3.脚口围度

脚口围度大小取决于臀围和造型，窄脚裤脚口围度一般小于等于 $0.4H-6$，筒裤脚口围度一般为 $0.4H～0.45H$。

4.制图时臀围、腰围的分配比例

裤装是四片结构，因此臀围、腰围的基本分配比例是 $H/4$ 和 $W/4$。考虑到腹部凸起小于臀部凸起，并且臀部向前倾的运动居多，因此制图时前片臀围取 $H/4-1$，后片臀围取 $H/4+1$。

腰围受臀围宽、前片小后片大及侧缝造型的影响，设计时前片腰围取 $W/4-（0～1）$ cm，后片取 $W/4+（0～1）$ cm。

（二）立裆的设计

1.立裆净尺寸

立裆又称上裆、直裆，立裆净尺寸通常由量取法或间接计算法获得。

（1）量取法 立裆净尺寸可由两种方法测得。一是人体静立时，测量腰部到臀股沟的长度即为立裆净尺寸；二是坐姿状态下，测量腰部至椅面的垂直距离即为立裆净尺寸。

（2）间接计算法 对于标准体型，可由臀围尺寸确定，通常取 $H/4$+调节量（3～5cm）。测量通裆长，立裆净尺寸为其五分之二。

2.立裆松量

考虑到人体下身运动的影响和造型的需要，立裆通常要有一定的松量。对于宽松度不同的款式来说，立裆的松量也不同，如表5-1所示。

表5-1 立裆松量   单位：cm

款式	贴体裤	较贴体裤	较宽松裤	宽松裤
立裆松量	0	0～1	1～2	2～3

3.后裆缝斜度及起翘

后裆缝斜度及起翘与人体臀部后凸程度以及裤子造型有关。一般后裆缝倾斜角度为 0～20°。臀部凸起程度越大，倾斜角度就越大，起翘也越大。后裆缝斜度及起翘与款式的关系如表5-2所示。

表5-2　后裆缝斜度、起翘与款式关系　　　　　　　　　单位：cm

款式	贴体裤	较贴体裤	较宽松裤	宽松裤
后裆缝斜度	15°～20°	10°～15°	5°～10°	0°～5°
后裆起翘	3	2～3	1～2	0～1

（三）总裆宽的确定

总裆宽取决于人体臀胯部的厚度，同时也要考虑造型的需要。总裆宽尺寸可以由臀围尺寸计算求得。通常前小裆宽略大于1/4总裆宽，后大裆宽略小于3/4总裆宽。总裆宽与款式造型关系如表5-3所示。

表5-3　总裆宽与款式造型关系

款式	贴体裤	较贴体裤	较宽松裤	宽松裤
总裆宽	（13%～15%）H	（15%～17%）H	（17%～19%）H	（19%～22%）H

（四）前后裤片褶、省的确定

1.前裤片褶的设计

通常将男裤前片的臀腰围差设置为褶裥而不是省。对于正常体，前片臀腰围差分为三部分：前中撇势0.7～1cm，侧缝撇势0.5～1cm（男子体型曲线不明显，侧缝撇势不宜过大），其余为褶裥量。当总褶裥量小于4cm时，设置为一个褶裥，位于烫迹线上；当总褶裥量大于4cm时，设置为两个褶裥，一个位于烫迹线上，另一个位于烫迹线和侧缝线之间。

2.后裤片省的设计

男裤后片臀腰围差设置为省。通常总省量为4～5cm，设置为两个省。省的位置根据有无口袋定：有口袋时，省尖分别位于袋口两端向内2cm处；无口袋时，省中心位于腰线三等分处。

（五）男裤基本型变化应用

1.低腰紧身裤

紧身型男裤的主要特点是立裆低，即低腰，腰部没有省道、褶裥，腰部、臀部紧身，裤管的造型比较自由，可锥形、直筒，也可喇叭状。

（1）数据应用

腰围：根据个人喜好和穿着习惯，适当降低裤子的腰围线，则腰围的数据增大。常见的低腰裤，其腰线在人体髋骨附近，此时裤子的腰围数据即在所确定的腰围线处水平围量一周的尺寸。腰围数据加放0～2cm。

臀围：臀围加放量通常为4～6cm。

立裆：随着腰线的降低，立裆的数据也将减小。

裤长：对于锥形和直筒形紧身裤，因裤子较贴体，裤口相应变小，因此裤长可比普通西裤短一些，如九分裤就体现得比较时尚。

（2）制图规格

号型	裤长L	腰围W	臀围H	立裆BR	中裆	腰头宽
170/74A	101cm	80cm	94cm	26cm	24cm	4cm

（3）制图方法　紧身裤的基础线绘制、结构线绘制及结构完成图如图5-3～图5-5所示。

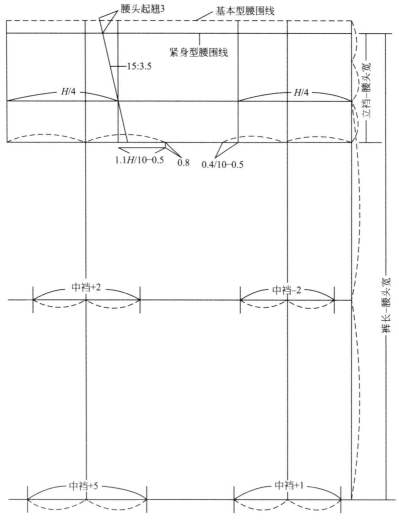

图5-3 紧身裤基础线绘制图

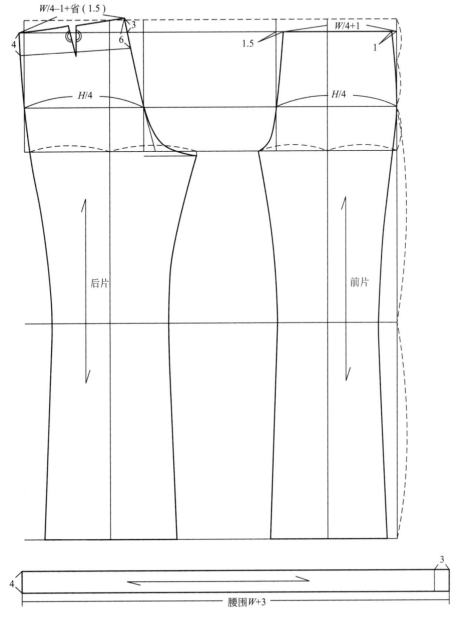

图5-4　紧身裤结构线绘制图

图5-4　紧身裤结构线绘制图

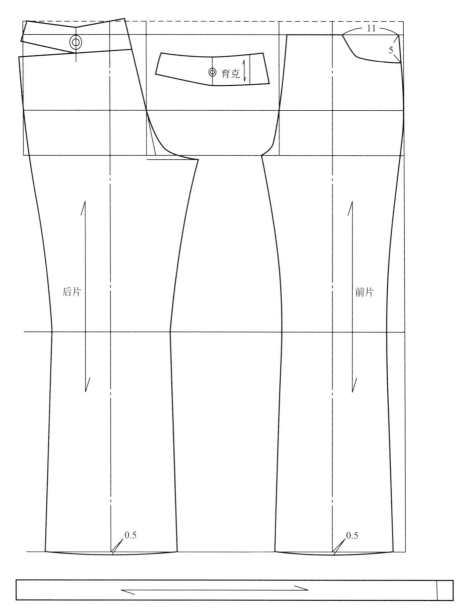

图5-5 紧身裤结构完成图

（4）制图说明

腰围线：腰围线在合体裤的基础上降低，立裆数据减小，腰围数据增大，减小臀腰差。

臀围的分配：前、后片臀大都使用$H/4$。

腰围的分配：腰围的分配在基本型基础上作调整，前腰大使用$W/4+1$，使得前片的臀腰差减小，达到前片无省无褶的目的；后腰大使用$W/4-1$。

后裆斜线：为使后裆缝更加紧身合体，增大后裆斜势，使用15：3.5，后起翘也相应增大。裤片的其他轮廓线也趋于合体，因此前裆劈势、前侧缝劈势也加大。

裆部：大裆宽、小裆宽相比合体裤各减小0.5cm。

后育克结构：后片腰部的省量是存在的，因此需要在省尖附近设计一道横向分割线，经过省道把腰部的省量转移至这条分割线中形成育克。育克结构是紧身裤型中的典型结构，它使裤子仍然保持臀部凸面的造型；而且后腰部没有省缝，也使裤子改变了穿着风格。

口袋：由于裤子腰部、臀部紧身，如果仍采用侧插袋或斜插袋，穿着时势必造成袋裂开，所以紧身裤适于采用具有横向袋口的插袋，如本款中绘制的月牙形口袋。

裤管造型：喇叭裤、锥形裤、直筒裤等，裤身还可以有各种分割，造型比较丰富。

2.宽松裤

宽松型男裤的主要特点是立裆较宽松，中腰，臀部宽松，裤管也比较宽松，脚口数据相对较小。

（1）数据应用

腰围：加放0～2cm，腰头位于中腰附近。

臀围：加放21cm。

立裆：比男裤基本型数据增大1cm，更加宽松舒适。

（2）制图规格

号型	裤长L	腰围W	臀围	立裆BR	裤口	腰头宽
170/74A	102cm	76cm	106cm	29cm	20cm	4cm

（3）制图方法　宽松裤的基础线绘制、腰线和前片烫迹线绘制及结构完成图如图5-6～图5-8所示。

（4）制图说明

臀围：臀围加放量21cm，成品臀围为111cm。为使后片比较合体，制图公式中的H使用106cm，剩余5cm加到前片中，即在制图时前臀大增加2.5cm。

臀围、腰围的分配：前片臀大使用$H/4-1$，后片臀大使用$H/4+1$；腰围与臀围的分配方法一致，采用相同的比例数和调节数。

前片褶裥：为了使前片腰部有宽松造型，可增加褶量和褶的个数。

本例中前臀大增加了2.5cm，因此褶量增加，设置为5个褶，每个褶量为2cm；也可设置为4个褶，每个褶量为2.5cm。这种方法也适用于腹部比较大的特殊体型。

后裆斜线：后裆斜势适当减小，使用15：2.5。

裆部：大裆宽、小裆宽都在男裤基本型计算公式基础上加0.5cm。

中裆：中裆数据是在前片的绘制过程中产生的，再按照脚口规格的分配方法，得到后片的中裆数据。

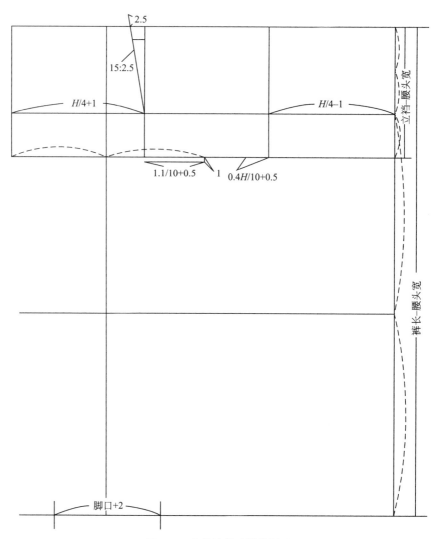

图5-6 宽松裤基础线绘制图

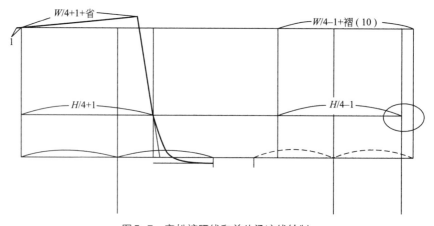

图5-7 宽松裤腰线和前片烫迹线绘制

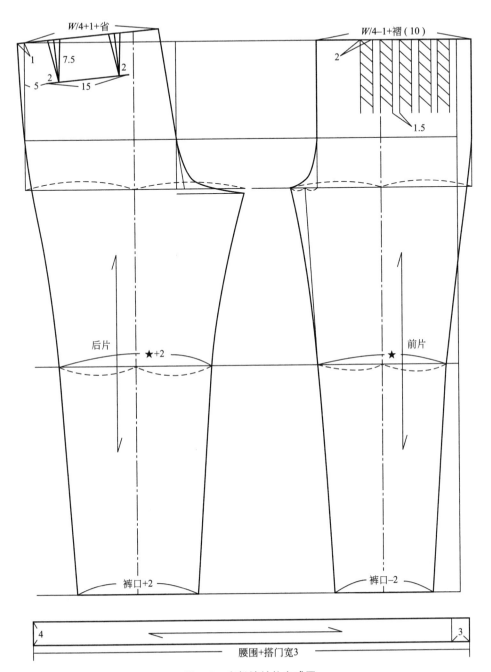

图5-8 宽松裤结构完成图

三、男裤实例

（一）普通男西裤

1.款式特征

装腰头，裤襻6个，前中门襟装拉链，前裤片左右各两个褶裥，左右各一斜插袋；后裤片左右各两个腰省，左右各一个嵌线挖袋，如图5-9所示。

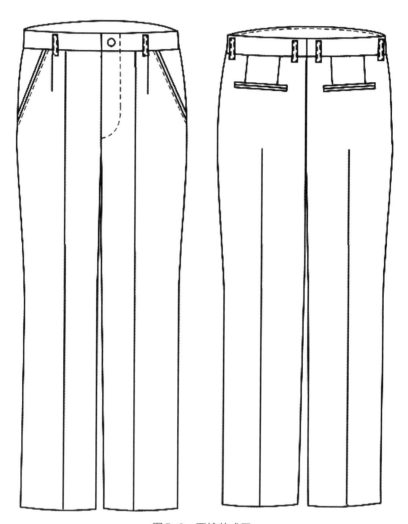

图5-9　西裤款式图

2.制图规格

号型	裤长L	腰围W	臀围H	立裆BR	脚口SB	腰头宽
170/74A	104cm	76cm	102cm	29cm	24cm	4cm

3.结构制图（图5-10）

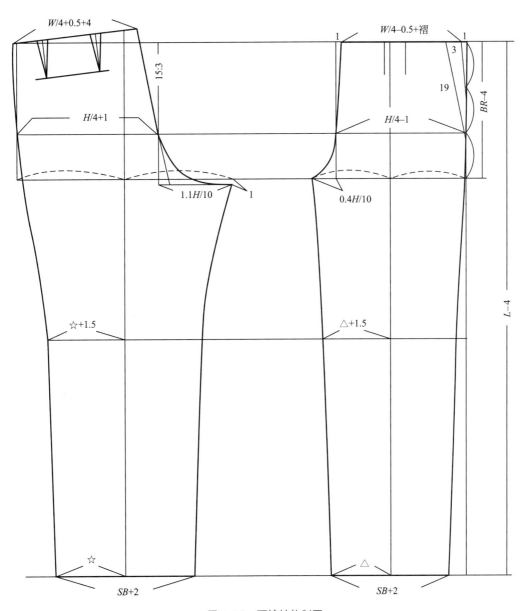

图5-10　西裤结构制图

（二）牛仔裤

1.款式特征

低腰，裤襻6个，前片无省无褶，月亮型插袋，后片有育克、贴袋，比较贴体，如图5-11所示。

图5-11　牛仔裤款式图

2.制图规格

号型	裤长L	腰围W	臀围H	立裆BR	脚口SB	腰头宽
170/74A	102cm	76cm	94cm	26cm	24cm	3cm

3.结构制图（图5-12）

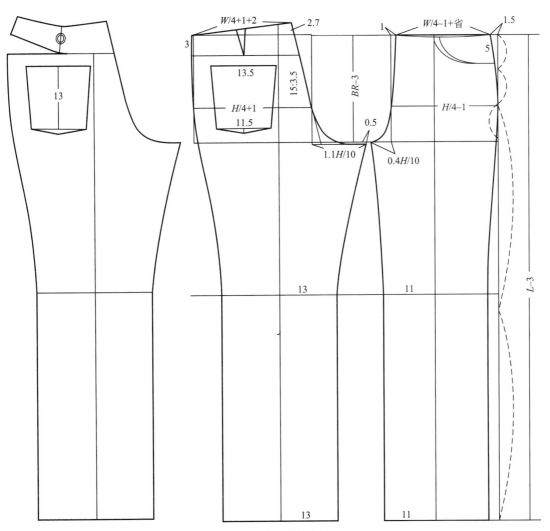

图5-12　牛仔裤结构制图

（三）多褶锥形裤

1.款式特征

装腰头，裤襻6个，前中门襟装拉链，前裤片左右各三个褶裥，左右各一斜插袋，后裤片左右各两个腰省，左右各一个嵌线挖袋，如图5-13所示。

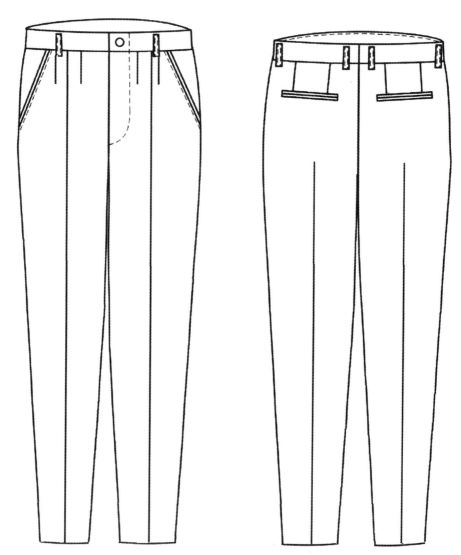

图5-13　多褶锥形裤款式图

2.制图规格

号型	裤长L	腰围W	臀围H	立裆BR	脚口SB	腰头宽
170/74A	102cm	76cm	108cm	29cm	19cm	4cm

3.结构制图（图5-14）

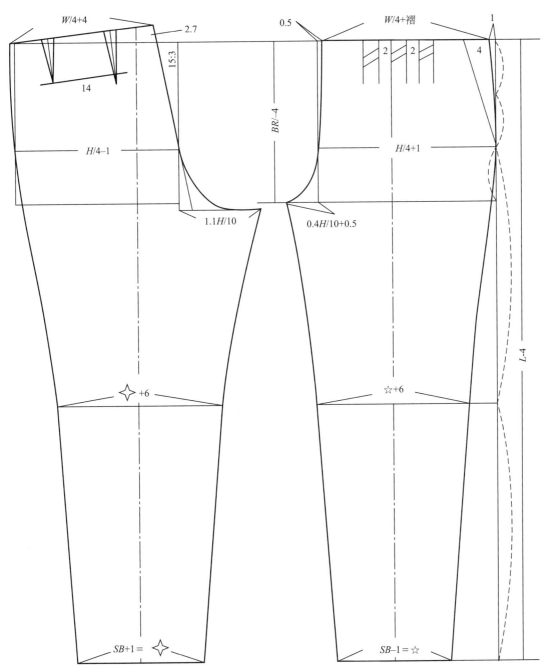

图5-14　多褶锥形裤结构图

（四）男短西裤

1.款式特征

男短西裤结构及造型与普通男西裤相似，较合体，腰线与人体腰围线平齐，前片有倒褶和省，斜插袋，后片一个省，嵌线开袋，如图5-15所示。

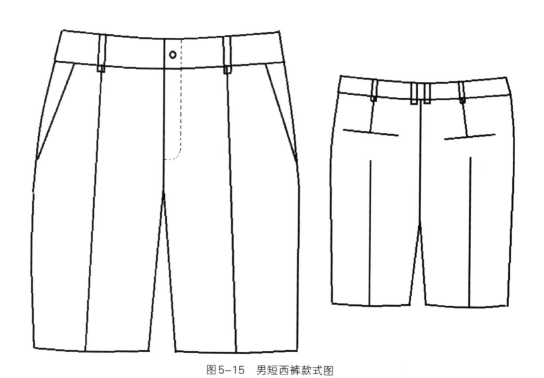

图5-15　男短西裤款式图

2.制图规格

号型	裤长L	腰围W	臀围H	立裆BR	脚口SB	腰头宽
170/74A	48cm	76cm	106cm	29cm	29cm	4cm

3.结构制图（图5-16）

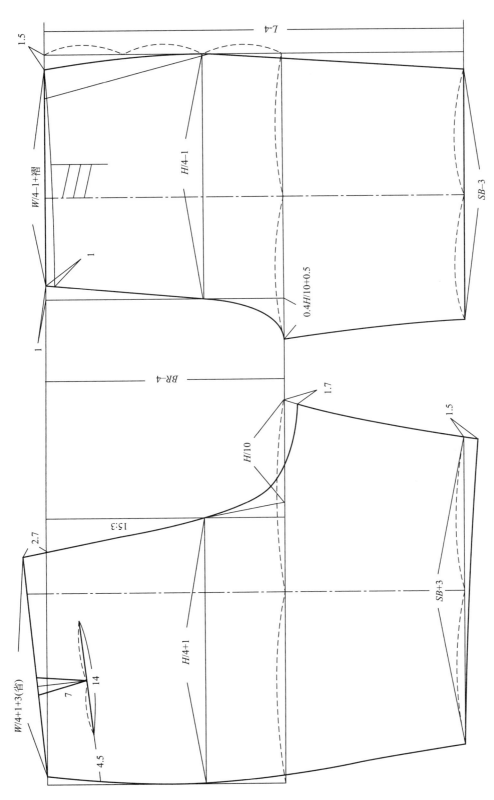

图5-16 男短西裤结构图

（五）男家居裤

1.款式特征

结构宽松，直筒状裤腿，腰部用松紧带收紧，前后片侧缝不分开，连为整片，前中心不装门襟，如图5-17所示。

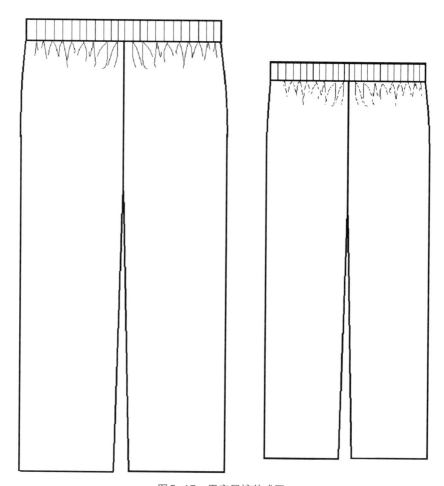

图5-17　男家居裤款式图

2.制图规格

号型	裤长L	腰围W	臀围H	立裆BR	脚口	腰头宽
170/74A	102cm	76cm	108cm	31cm	24cm	4cm

3.结构制图

前后片分别制图，如图5-18所示，也可叠裁，如图5-19所示。

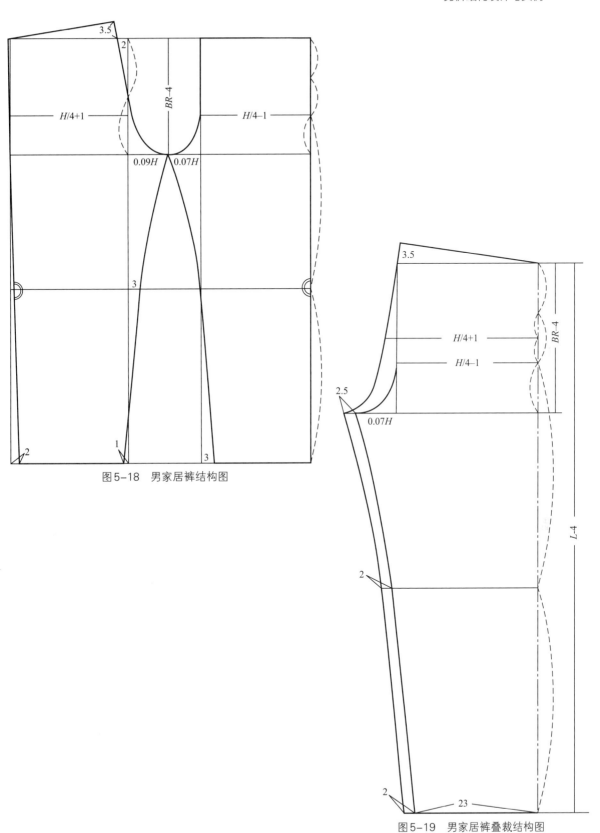

图5-18 男家居裤结构图

图5-19 男家居裤叠裁结构图

第二节 男裤生产工艺单实例

品牌	××××××	季节	春秋	纸样编号	×××××	制单人	×××
款名	男西裤	款号	×××××	接单日期	×年×月×日	交货日期	×年×月×日

款式图和面样、里样、部件解剖图

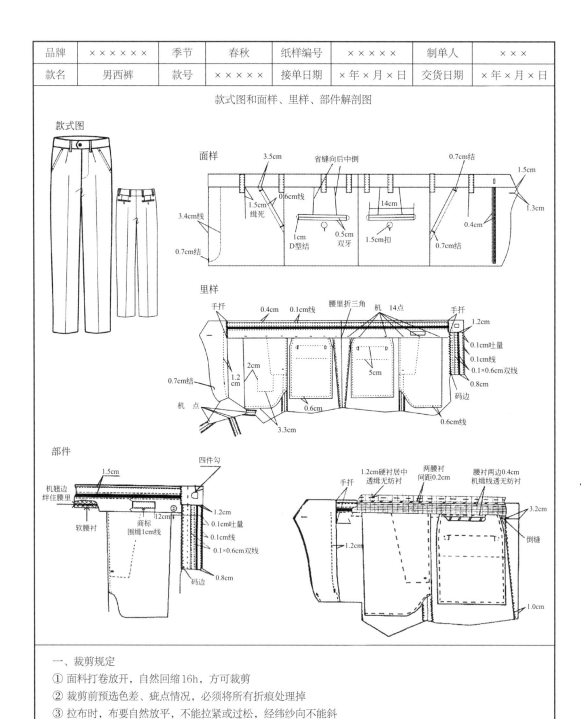

一、裁剪规定

① 面料打卷放开，自然回缩16h，方可裁剪

② 裁剪前预选色差、疵点情况，必须将所有折痕处理掉

③ 拉布时，布要自然放平，不能拉紧或过松，经纬纱向不能斜

④ 割刀后裁片必须符合样板，样板上所有对刀须打剪口

⑤ 打号要清晰，部位要隐蔽，不得露出；打号要准确无误，不得串号、漏号，凡要配套的产品均钉号标

⑥ 凡事有毛向或者光泽明显的面料，必须跟客户确认后方可裁剪

⑦ 压衬要求

a. 按测试条件操作，衬对衬压，衬不许外露，单层压时须垫纸

b. 所有粘有纺衬的裁片均要过粘合机，须放 4h 后再净裁

c. 领子粘衬时要顺经纱方向进行

⑧ 凡是条格面料要严格执行对条规定

a. 左右前片：对称、对格   g. 领面两端对格、对称

b. 大兜盖与身：对条、对格   h. 后背、止口：对条、对格、对称

c. 领面与后身对条、对格   i. 袖缝：对横

d. 前袖与身：对横   j. 扒缝：对横

e. 马面缝：对横   k. 驳头：对条、对格、对称

f. 胸兜牌与身：对条、对称

二、整熨规定

（1）各边、缝熨平烫实

（2）各部位无皱褶、无粉印、水渍

（3）所有部位不得起亮光

（4）各部位平整、对称、裤线顺直

（5）各部位要求平挺、丰满、圆顺，熨后用衣架挂起，通风 10 小时后方可包装

三、质检规定

（1）成品尺寸严格对照尺寸表核对

（2）手缝、机缝线头不得超过 0.1cm

（3）各部位要求对称，无污渍、无水渍、无线头

（4）要严格参照首件鉴定结果，检验大货是否相符

（5）半成品除检查外效果，还要参照样品及工艺检查内部工艺是否符合要求

四、工艺规程

（1）腰　平缝机缉 3.3cm 和 1.2cm 无胶硬腰衬与无纺衬，过粘合机粘于腰面，腰里为成品腰里。腰面与里暗线先勾缉 0.1cm，腰面虚进 0.4cm，绱腰为腰面上倒缝（如图）。腰里内层机绊线。绱腰同时按位置夹绱绊带，绊带用撸绊带机纳缉，绊带上端距边 0.5cm。左右腰头处砸四件勾一幅，左右腰头里手扦

（2）前片　有省裤前片，腰部里面一齐捏活褶，正面褶缝向侧缝倒。上端缉死 2.5cm 横封。侧缝做斜插兜各一个，兜口粘无纺衬一层，折净压 0.6cm 线。垫带折缉 0.15cm 线与兜布，兜布勾压 0.6cm 线，反面不得露毛茬。兜口两端机打直结在裤膝，裤膝腰部捏活褶，兜布里侧、裤片与后片缝份一齐码边

（3）后片　腰部各缉锥形省两个，反面缝份向后中倒。左右做双牙挖兜各一个，兜口垫无纺衬，衬长超过兜口 0.6cm，牙内粘无纺衬一层，挖兜机挖之。兜口两端暗线缝缉 3～5 道，兜牙两端刻净勾后兜布。兜布勾压 0.6cm 线，面机打 D 型结。结长 1cm（如图）

（4）前门襟　门襟、掩襟面分别粘衬一层，门襟与面压 0.15cm 线。不缉透面。绱拉链缉双线。掩襟面与里按型勾缉压 0.2cm 线，与拉链一起勾线，拉链上压线，透缉掩襟里，要求掩襟里距边 1～1.2cm

针码密度要求：明线、暗线针距为 3cm/13 针；码边线针距为 3cm/12 针

缝份要求：后裆缝缝份由 3.2cm 顺至 1cm，其他缝份均为 1cm，裤口这边为 5cm

线的使用：缝纫线、打结线、锁眼结为 50# 丝线；锁眼线为 30# 丝线

钉扣线为顺扣色 60S/3 棉线；商标线为顺商标色 50# 丝线

手缝部位：左右腰头里

机擦点：腰里 14 点

续表

五、规格尺寸规定								
								单位：cm
型号名称	腰围	臀围	1/2膝围	1/2横裆	1/2裤口	侧兜口	后兜口	含腰外裤长
165/74	74	95.1	22.7	30.7	21.2	16.5	14	99
165/78	78	98.5	23.5	31.7	21.6	16.5	14	99
165/82	82	101.9	23.9	32.7	22	16.5	14	99
170/88	88	107	24.8	34.2	22.6	16.5	14	102
170/92	92	110.4	25.4	35.2	23	16.5	14	102
170/100	100	117.2	26.3	37.2	23.8	16.5	14	102
175/104	104	120.6	26.7	38.2	24.2	16.5	14	105
175/108	108	123.4	27.1	39.2	24.6	16.5	14	105
180/112	112	126.2	27.5	40.2	25	16.5	14	108
180/116	116	129	27.9	41.2	25.4	16.5	14	108
190/120	120	131.8	28.3	42.2	25.8	16.5	14	110

第六章

男上装结构设计与实例

第一节　男衬衫

　　衬衫是男装中的重要组成部分，既可穿于西服外套内，也可单独外穿。衬衫的结构相比于西服等外套简单，变化也不多，基本是四开身，通常采用H廓形，不收或略收腰。普通衬衫基本结构造型，领子是由翻领和领座组成的企领结构，肩部有育克，六粒纽扣，左胸有一贴袋，袖子装有圆角袖头和宝剑型明袖衩，下摆可直摆也可曲摆。衬衫的变化可以体现在局部造型细节和工艺细节，如领型、门襟、袖口、褶裥的形式及个数、育克分割线形式、胸贴袋及下摆造型变化，还可做拼色搭配及明线设计，如图6-1～图6-4所示。

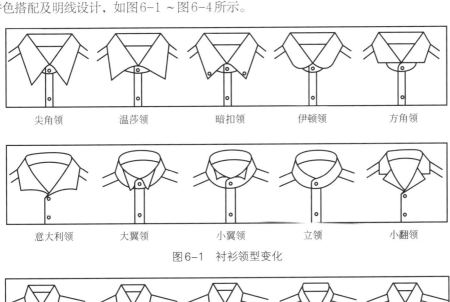

| 尖角领 | 温莎领 | 暗扣领 | 伊顿领 | 方角领 |

| 意大利领 | 大翼领 | 小翼领 | 立领 | 小翻领 |

图6-1　衬衫领型变化

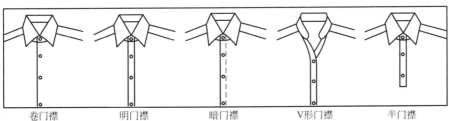

| 卷门襟 | 明门襟 | 暗门襟 | V形门襟 | 半门襟 |

图6-2　衬衫门襟设计

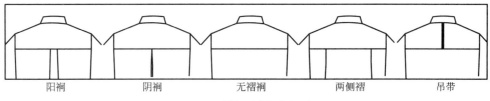

图6-3 衬衫后背褶裥设计

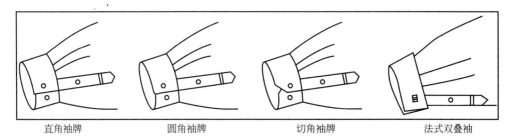

图6-4 衬衫袖牌变化

一、男衬衫的分类

（一）按穿着场合分类

（1）正装衬衫　也可叫作普通衬衫，与西服正装搭配。
（2）礼服衬衫　用于正式社交场合，与西装礼服搭配。
（3）休闲衬衫　用于非正式场合，可与休闲西服、外套等搭配，也可单独外穿。

（二）按领型分类

可分为翻领衬衫、立领衬衫、平领衬衫、无领衬衫。

（三）按袖子长度分类

可分为长袖衬衫、短袖衬衫。

二、男衬衫整体结构设计

1.胸围加放松量及分配比例

衬衫胸围加放松量根据款式造型的宽松度而不同。普通衬衫加放18～22cm，较贴体衬衫加放12～16cm。制图时采用四开身结构，前后片胸围基本分配比例为B/4，通常为了满足穿着造型需要，前片胸围可减少1～2cm，即B/4-（1～2）cm，相应后片胸围增加1～2cm，即B/4+（1～2）cm。

2.领窝设计

男衬衫领窝设计比较严格。领口宽和领口深的尺寸依据领围尺寸定，领围尺寸为颈根围尺寸加放一定松量，放松量通常为2cm。领口宽为C/5-0.5cm，领口深为C/5+0.5cm。

3.袖子

衬衫袖子采用一片袖结构。袖山高根据袖子的贴体度有所变化，可采用AH/6～AH/4，宽松袖袖山较低，合体袖袖山较高。袖山吃势一般为0～1cm，衬衫袖长比西服袖长多1～3cm，袖口尺寸在手腕净尺寸上加放6～8cm（包括叠门量）的松量。

三、男衬衫领子结构设计

男衬衫领子的外观造型很丰富，但从结构分类来看，常见的衬衫领子结构有立领、翻领，无领和平领也有，但不常见。

1.立领结构

立领是只有领座部分且领座立于领口之上的领型。立领造型简洁，男衬衫采用立领结构，可体现利落精干气质。在外观造型上，立领根据其上口线和下口线长度的差异，又可分为直立型立领、锥台型立领、倒锥台型立领。不同造型的立领，与人体颈部的距离也不同。锥台型立领上口线短于下口线2～3cm，下口线和上口线都向上弯曲，后中高度3～4cm，前中高度小于后中高度0.5cm左右，成型后呈锥台状，符合人体颈部形态，是较贴体的立领领型。倒锥台立领上口线长于下口线，且都向下弯曲，成型后呈倒锥台状，领子离颈部较远，比较宽松，这种立领结构在男衬衫设计中很少使用。直立型立领上下口长度相等或上口线略短于下口线，上下口弯曲度都较小，成型后呈直立状，宽松度介于锥台立领和倒锥台立领之间。男衬衫常使用锥台型立领。立领形状与结构图如图6-5所示。

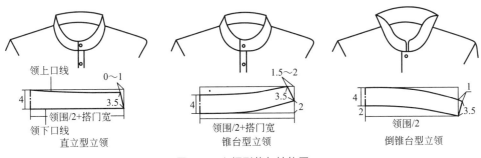

图6-5 立领形状与结构图

2.翻领结构

翻领结构是男衬衫最常使用的领子结构。男衬衫翻领结构可分为分领座翻领和连领座翻领，其中分领座翻领最常见。

（1）分领座翻领 分领座翻领的领座和翻领是分开的两部分，领座下口弧线前端翘起，而翻领上口线和领座上口线弯曲度不同，且长度较领座上口线大0.5～0.8cm，翻领和领座通过工艺缝合时，将差量吃进，使翻领易翻折和有一定的松度，且使领子在翻折线部分很好地贴近颈部。在设计分领座翻领时，领座后中宽2.5～3cm，而翻领后中宽度大于领座宽度0.5～1cm。领座下口线与翻领上口线的翘度决定领子的贴体程度，翘度越大越贴体，反之则越宽松。翻领外口线形状根据领子造型有不同设计。分领座翻领结构如图6-6所示。

（2）连领座翻领 连领座翻领是领座与翻领为一个整体的领型结构。通常领座宽2.5～3cm，翻领宽3.5～4cm。领下口线向下弯曲，但弯曲度不宜过大，通常为0.5～1cm。这种领子结构和工艺都比较简单，成型后领子翻折线距离颈部较远，在男衬衫中并不常用此种领型结构。连领座翻领结构如图6-7所示。

3.平领结构

平领是领子平贴于领口外的肩膀周围，无领座或领座很小的领型结构。平领在男衬衫比较少使用，主要是海军领（水手领）衬衫。平领结构设计方法是将衣片的前后肩线在肩端点叠合2～3cm后，在衣片上绘制。这样既可以使领子比较好地贴于肩部周围，又可以使领子下口线和领圈线的弯曲度略不同。通过工艺缝合后，产生0.5～1cm的领座，可以隐藏缝合线迹，使之看起来美观。平领结构如图6-8所示。

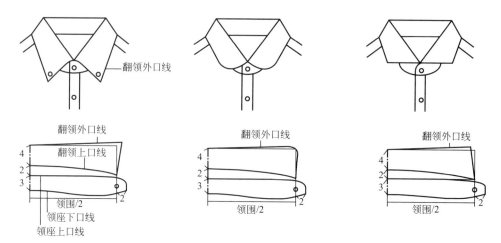

图6-6　分领座翻领结构图

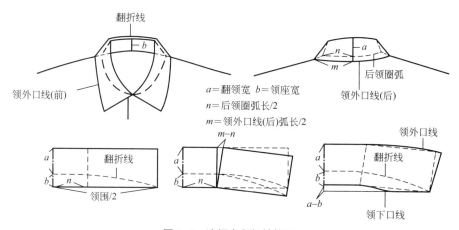

图6-7　连领座翻领结构图

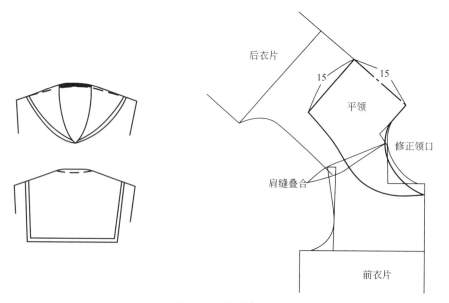

图6-8　平领结构图

四、男衬衫实例

（一）普通男衬衫

1.款式特征

典型男式长袖衬衫，直腰身，直下摆，连折边卷门襟，分领座翻领，尖领角，6粒纽扣，左胸尖角贴袋，双层过肩育克，后身两个褶裥，袖口收褶，剑式袖衩，圆角袖头，如图6-9所示。

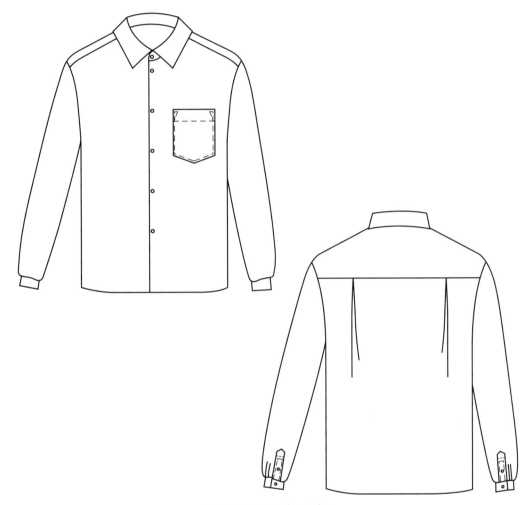

图6-9 普通男衬衫款式图

2.制图规格

号型	衣长L	胸围B	领围C	肩宽S	袖长SL	袖口SO	袖头宽	翻领宽	领座宽
170/88A	72cm	110cm	39cm	46cm	60cm	26cm	6cm	4cm	3cm

3.结构制图（图6-10和图6-11）

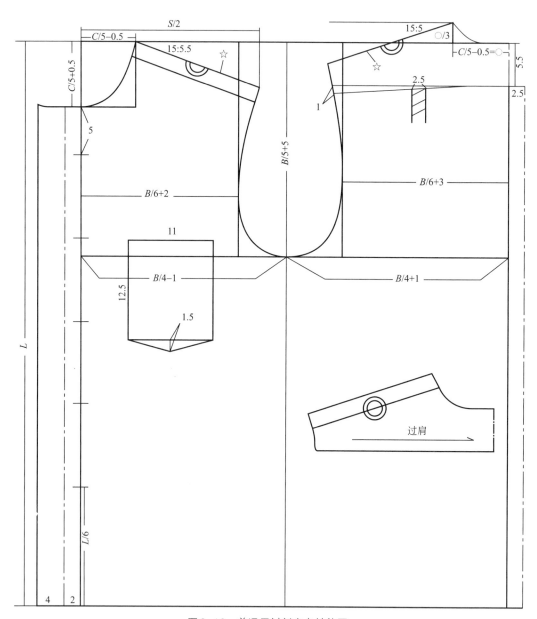

图6-10 普通男衬衫衣身结构图

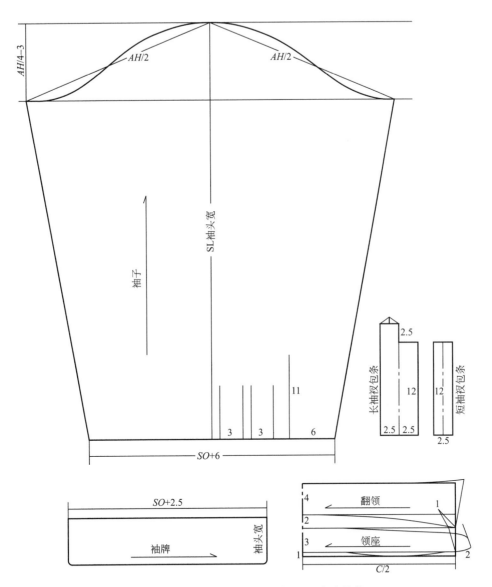

图6-11　普通男衬衫领、袖、袖牌、袖衩包条结构图

（二）礼服衬衫

1.款式特征

直腰身，圆下摆，双翼领，6粒纽扣，前胸U形胸挡，双层过肩育克，后身一个褶裥，袖口收褶，剑式袖衩，叠式袖头，如图6-12所示。

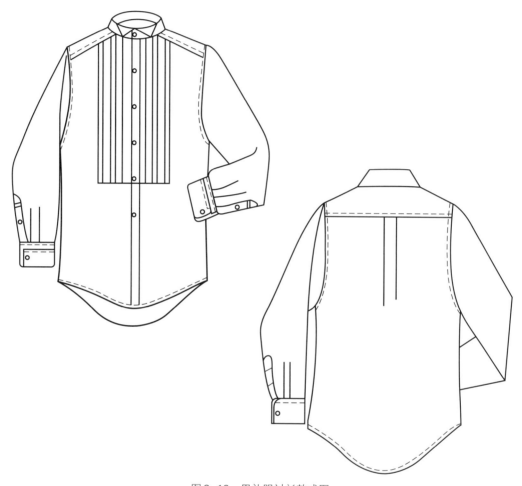

图6-12　男礼服衬衫款式图

2.制图规格

号型	前衣长L	胸围B	领围C	肩宽S	袖长SL	袖口SO	袖头宽	领宽
170/88A	74cm	108cm	40cm	45cm	60cm	24cm	12.5cm	3.5cm

3.结构制图（图6-13和图6-14）

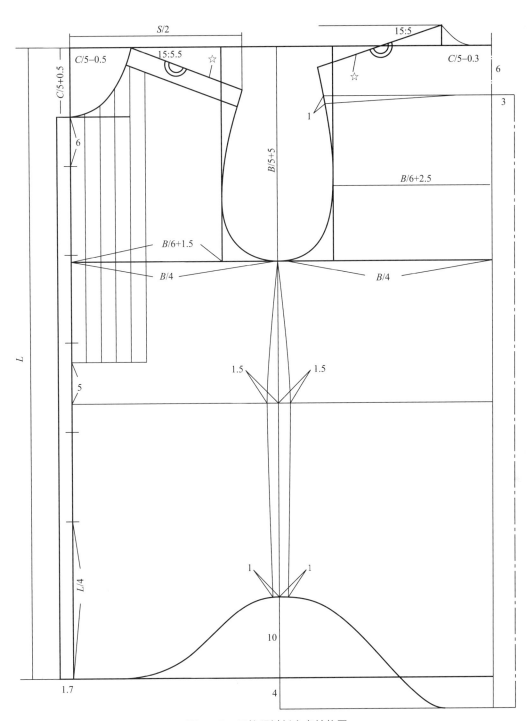

图6-13　男礼服衬衫衣身结构图

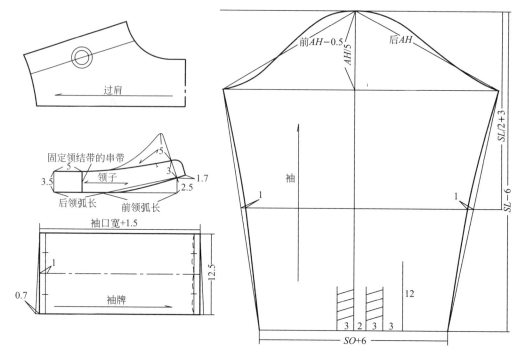

图6-14　男礼服衬衫领、袖、袖牌结构图

（三）宽松休闲男衬衫

1.款式特征

直腰身，直下摆，暗门襟，普通衬衫领，左胸方形圆角贴袋，落肩式宽松袖，6粒纽扣，后背育克，无褶裥，袖口收褶，剑式袖衩，圆袖头。宽松休闲男衬衫通常为外穿衬衫，给人以宽松休闲随意的感觉，如图6-15所示。

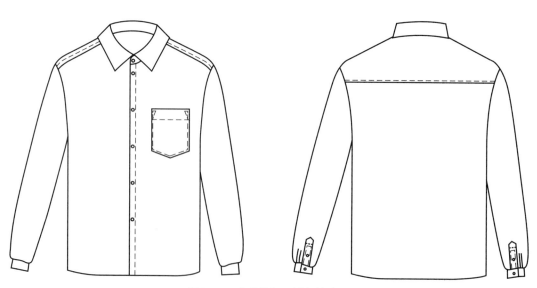

图6-15　宽松休闲男衬衫款式图

2.制图规格

号型	衣长L	胸围B	领围C	肩宽S	袖长SL	袖口SO	袖头宽	翻领宽	领座宽
170/88A	76cm	88+26cm	40cm	48cm	62cm	28cm	6cm	3.5cm	2.5cm

·3.结构制图（图6-16和图6-17）

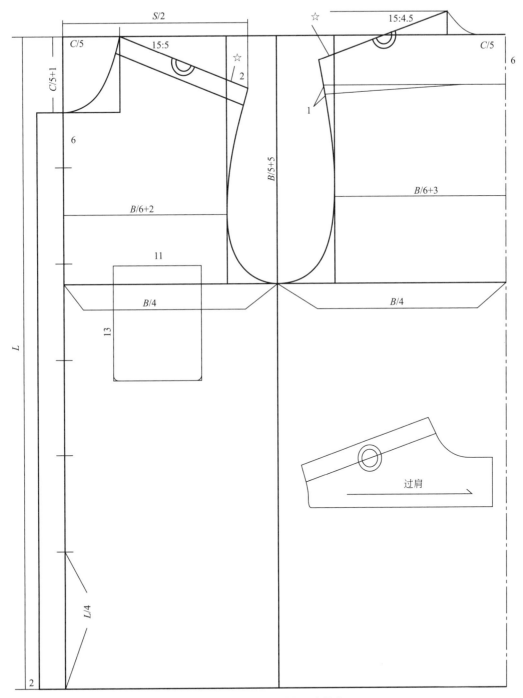

图6-16 宽松休闲男衬衫衣身结构图

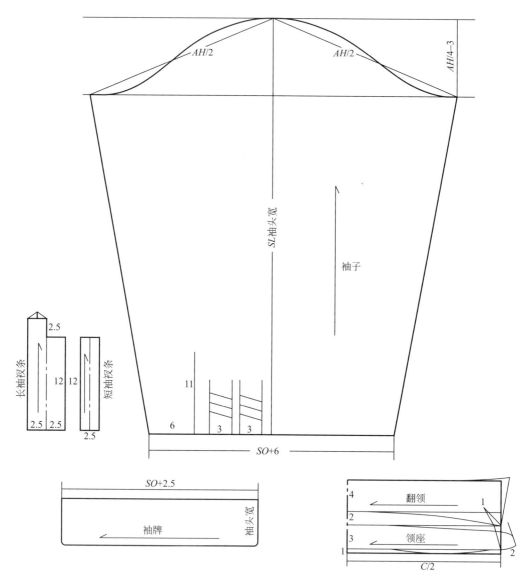

图6-17　宽松休闲男衬衫领、袖、袖牌、袖衩包条结构图

（四）休闲贴体男短袖衬衫

1.款式特征

收腰身，直下摆，明门襟，普通衬衫领，较合体短袖，6粒纽扣，左前胸有贴袋，后背育克，有腰省，如图6-18所示。

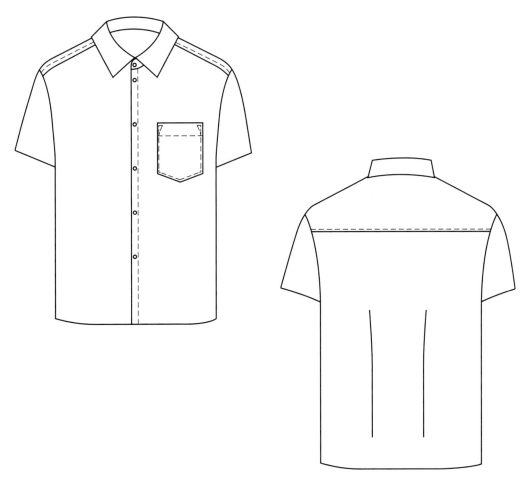

图6-18　休闲贴体男短袖款式图

2.制图规格

号型	衣长L	胸围B	领围C	肩宽S	袖长SL	袖口SO	袖头宽	翻领宽	领座宽
170/88A	74cm	88+14cm	40cm	42cm	25cm	28cm	6cm	3.5cm	2.5cm

3.结构制图（图6-19和图6-20）

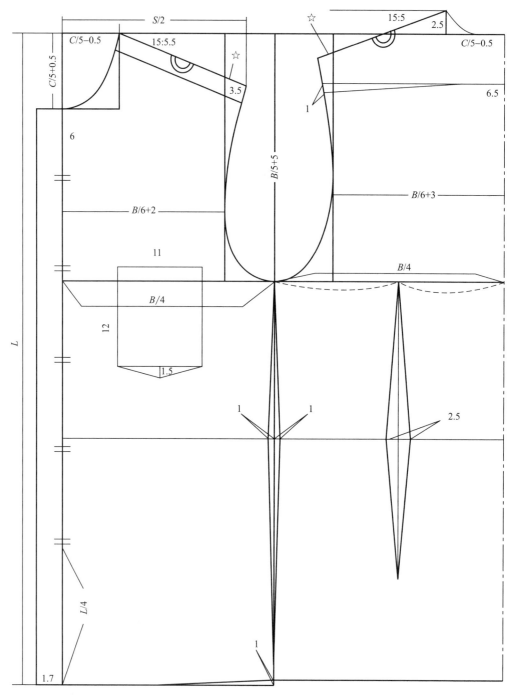

图6-19　休闲贴体男短袖衬衫衣身结构图

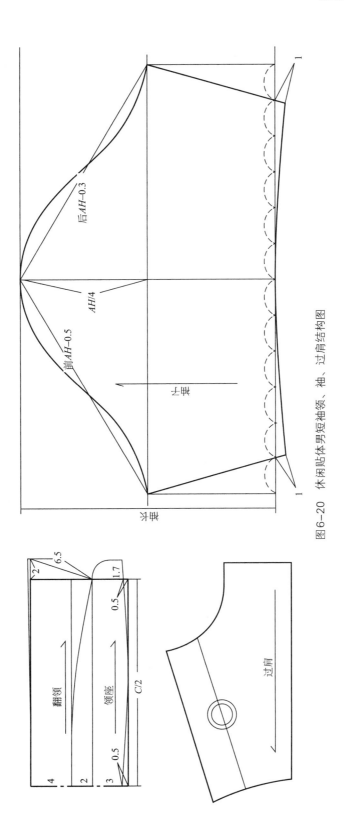

图6-20　休闲贴体男短袖领、袖、过肩结构图

后AH-0.3

AH/4

前AH-0.5

袖山

袖长

2

6.5

1.7

0.5

翻领

领座

C/2

0.5

0.5

4

2

3

过肩

第二节　男马甲

　　马甲是一种无领无袖且比较短的上衣，其主要功能是使前胸后背区域保暖，并便于双手活动。它可以穿着于外衣之内，也可以穿着在内衣之外。现代马甲的功能除了护胸背外，更重要的是体现礼节。在不同场合，马甲与西服或礼服都有固定搭配，以体现男士的品味和礼节修养。

一、男马甲的分类

　　马甲可分为西服马甲（普通马甲）、礼服马甲、运动休闲马甲和功能性马甲，如图6-21所示。

　　西服马甲：颜色面料与西服、西裤一致，搭配成西装三件套。

　　礼服马甲：礼服马甲礼仪性极强，与大礼服搭配穿着，也可单独穿着。根据礼服穿着场合和时间，搭配相应的礼服马甲，对颜色和样式有特别的规定。与燕尾服搭配的马甲为白色，常采用前片3粒扣、后背系带的款式；与晨礼服搭配的马甲银灰色为标准色，常采用双排6粒扣款式。

　　运动休闲马甲：穿着随意，款式设计多变，对面料颜色无特别限制。

　　功能性马甲：具有特定的特殊功能，如防弹马甲、摄影马甲、钓鱼马甲、救生马甲、防辐射马甲、环保用反光类标志马甲等。

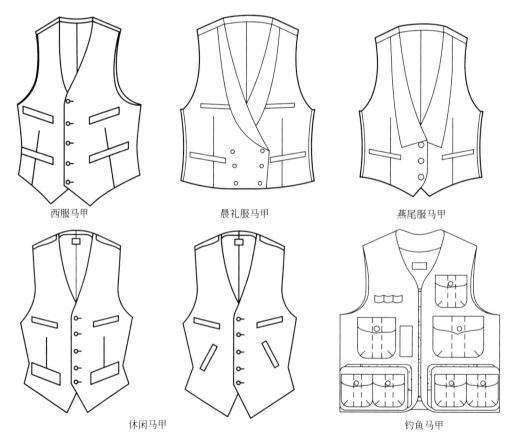

西服马甲　　　　晨礼服马甲　　　　燕尾服马甲

休闲马甲　　　　　　　　钓鱼马甲

图6-21　男马甲款式

二、男马甲实例

（一）西服马甲

1. 款式特征

贴体衣身，前领V造型，前片尖下摆，前后片收腰省，4个开袋，5粒扣，后片使用西服里料，如图6-22所示。

图6-22　西服马甲款式图

2. 制图规格

型号	背长	后衣长L	胸围B	肩宽S
170/88A	42.5cm	53.5cm	96cm	32.5cm

3. 结构制图（图6-23）

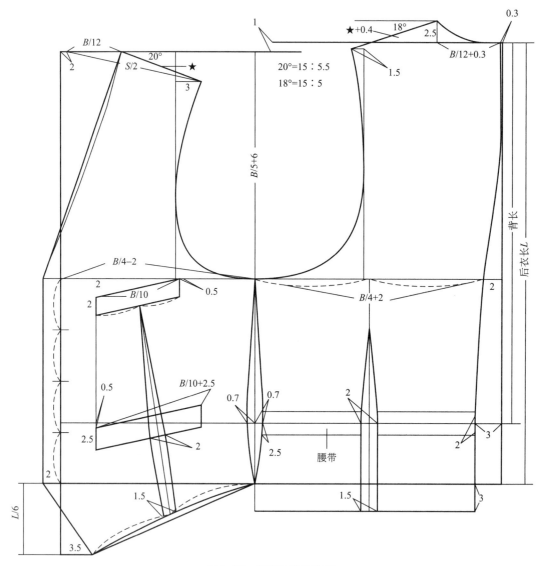

$20° = 15 : 5.5$
$18° = 15 : 5$

图6-23　西服马甲结构图

4.结构说明

（1）胸围松量　西服马甲作为西服套装的内衬搭配，胸围松量适当要小，符合贴体要求，通常在净体胸围的基础上加放6～8cm。

（2）胸围的分配　出于穿着效果的考虑，马甲的前片胸围宽可适当小一些，取$B/4-（1～2）$ cm，后片则为$B/4+（1～2）$cm。

（3）肩线　肩斜角度前肩为20°，后肩为18°。马甲的肩宽可取西服肩的三分之二加2cm，如西服肩宽46cm，则马甲肩宽为$46×2/3+2=32.6$cm。另外，也可取西服小肩宽的三分之二为马甲小肩宽。

（4）衣长　在制图时，西服马甲的衣长可取后衣长，也可取前衣长。后衣长直接量取时从颈椎点量至腰部下10cm左右；后衣长也可用公式计算求得，即后衣长$=FL/3+5$，FL为颈椎点高，可在国家号型标准中查到。男子中间体170/88A颈椎点高为145cm。颈椎点高也可以实际测量得到，测量方法是被测者自然站立，测量其第七颈椎点到地面的垂直距离。前衣长直接量取时从颈肩点量至马甲下摆小尖处，要比外搭西服长度短13cm左右。

（二）礼服马甲

1.款式特征

贴体衣身，衣长较短，前片V形领口加戗驳领，腰部两个开袋，双排六粒扣，平下摆，前后片均收腰省，后片破背缝，腰带，如图6-24所示。

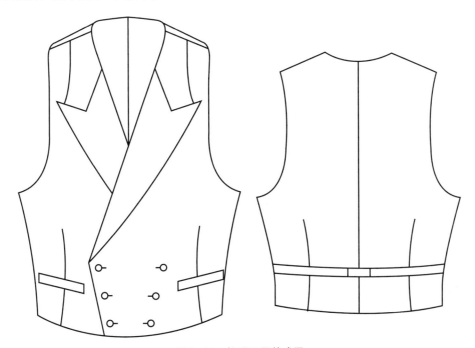

图6-24　礼服马甲款式图

2.制图规格

型号	背长	后衣长L	胸围B	肩宽S
170/88A	42.5cm	53.5cm	96cm	32.5cm

3.结构制图（图6-25）

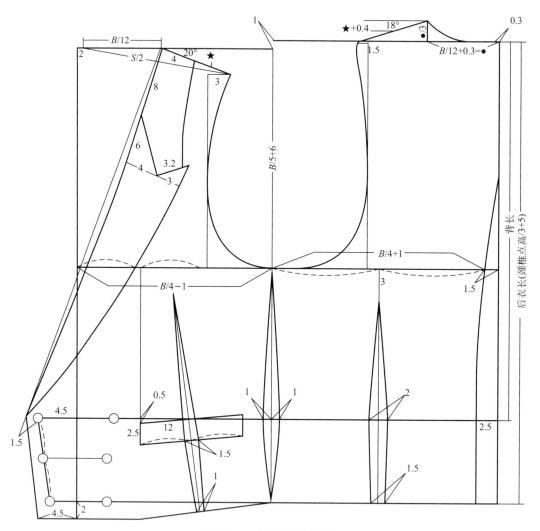

图6-25　礼服马甲结构图

（三）略式礼服马甲

1. 款式特征

衣身较贴体，前片尖下摆，三粒扣，前片收腰省，V形领口加青果领，后身上部省略，由前身延至后背呈宽腰带收于后腰部，如图6-26所示。

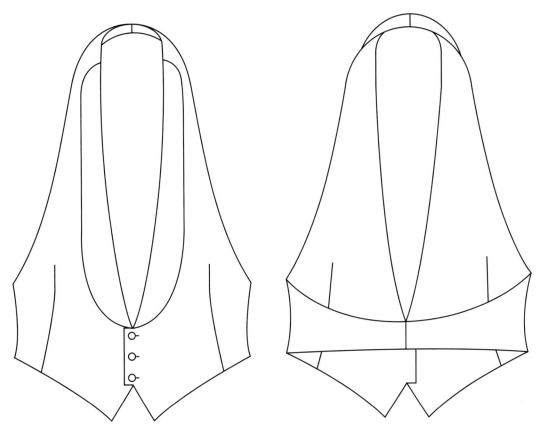

图6-26 略式礼服马甲款式图

2. 制图规格

型号	背长	前衣长L	胸围B	肩宽S
170/88A	42.5cm	51cm	96cm	32.5cm

3. 结构制图（图6-27和图6-28）

4. 制图说明

① 略式马甲虽然后片没有上部，只有腰部，但制图时依然要做出后片结构，在其上取腰部结构形状。

② 后片在腰省部分拼接前，要先做修正，使拼接部分等长。图6-27所示为略式马甲结构图。

③ 前后片侧缝拼接后，要修正圆顺上口弧线和下摆弧形。图6-28所示为略式马甲结构完成图。

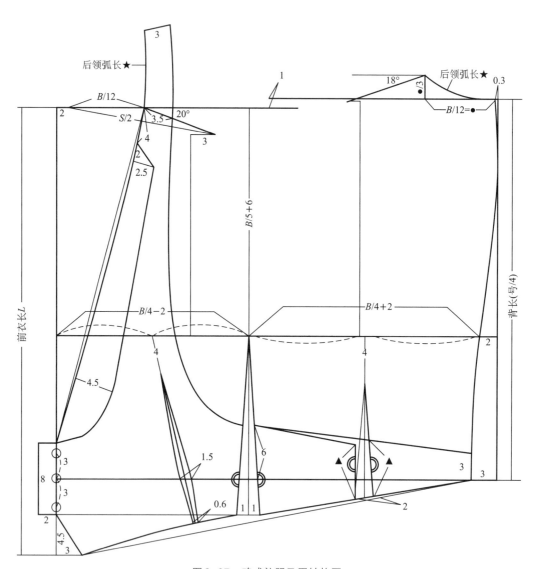

图6-27　略式礼服马甲结构图

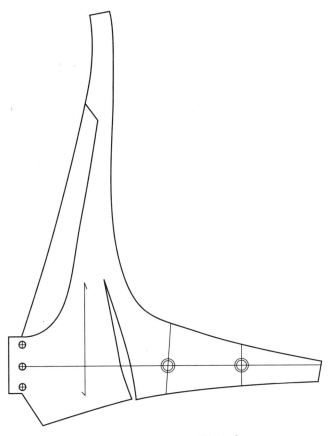

图6-28　略式礼服马甲结构完成图

（四）摄影马甲

1.款式特征

衣身较宽松，不收腰，H形，前片V形领口，前中拉链，平下摆，多个立体功能贴袋，后背水平育克分割，并有拉链暗袋，如图6-29所示。

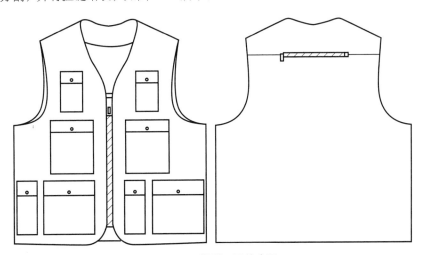

图6-29　摄影马甲款式图

2.制图规格

型号	背长	前衣长L	胸围B	肩宽S
170/88A	42.5cm	55cm	104cm	36cm

3.结构制图（图6-30）

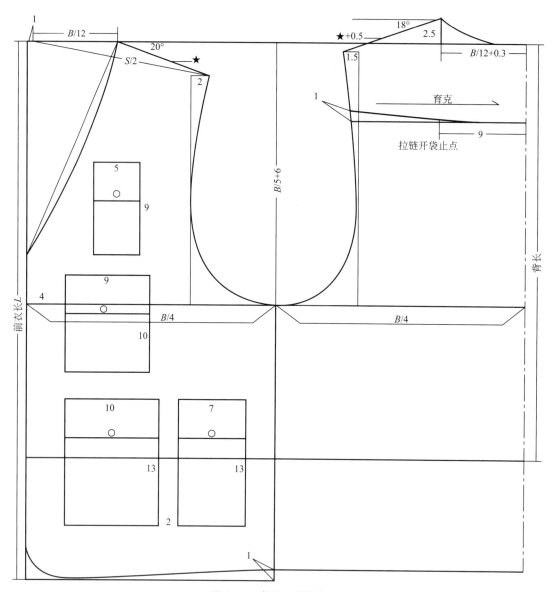

图6-30　摄影马甲结构图

第三节 男西服

一、男西服的分类

（一）按穿着场合（功能）分类

1.日常正装

男西服正装通常采用三件套基本款式，由相同面料的西服、马甲、裤子组成，颜色以深色为主，面料多采用高纱支的毛织物，制作工艺要求高。日常正装作为工作和社交场合穿着的服装，可体现男性稳重含蓄、干练自信、有教养的绅士风格。

2.运动西服

运动西服并不是在运动时穿着，而是在观看运动比赛、娱乐、休闲等场合穿着。运动西服的结构一般采用单排三粒扣套装形式，但并不拘泥于上下装用同一种面料，颜色多为蓝色和白色。采用明贴袋、明线等工艺，体现运动西服亲切、愉快、自然的风格。运动西服的另一个突出特点，就是它的社团性。运动西服经常作为体育团体、俱乐部、学校、公司职员的制服，不同的社团会采用各自的徽章，徽章通常设置在左胸部或左袖上部，但面积不可过大。

3.休闲西服

休闲西服也称作轻便西服。其上下装可由不同面料及式样组合，下装可为西裤、牛仔裤等。休闲西服穿着轻松便捷，不受时间场合限制。除保持普通西服一般特点外，其整体结构形式比较丰富，常借用其他服饰的设计元素，体现穿着者的个性，如前后肩部断开、后片加装腰带、止口缉明线等。面料的色泽和成分也比较多元，如格花呢、粗花呢、灯芯绒及棉麻织物等。

（二）按廓型分类

1.H形

H形是指直身型，也称箱型。其特点是合体自然肩型，略收腰，下摆围略大于胸围，形成长方形外轮廓，以体现男性体型特征和阳刚之美。

2.X形

X形西服明显收腰合体，腰线比实际腰围线略高，下摆翘出，配合凹形肩或肩端微翘。20世纪六七十年代较流行，颇具怀古韵味。

3.V形

V形西服强调肩宽、背宽，下摆余量收到最小限度。肩部多采用圆肩型，使穿着者有成熟宽厚洒脱之风。

（三）按扣子排列及个数分类

西服扣子排列有单排扣和双排扣之分。单排扣西服又分为一粒扣、两粒扣、多粒扣（三粒、四粒）西服；双排扣西服可分为四粒扣和六粒扣。

（四）其他分类

西服按领型和下摆造型不同，还可分为平驳头圆摆西服、戗驳头直摆西服、戗驳头圆摆西服。按照后开衩位置和个数不同，可分为中开衩、侧开衩、无开衩西服。

男西服具体款式如图6-31所示。

平驳头单排扣西服

戗驳头西服

图6-31　男西服款式.

二、男西服的结构设计

（一）主控部位尺寸规格设计

男西服结构制图时尺寸设计依据是国家标准（GB/F1335.1—2008　服装型号　男子），具体数值见第四章第三节号型标准。

制图中的衣长、胸围、领围、袖长、总肩宽等在相应人体控制部位数值上适当加放。

1.衣长

（1）后衣长

方法1：$L=0.4×$ 号$+（6～8）$cm。

方法2：$L=1/2FL+（2～3）$cm。

FL为颈椎点高，可在国家号型标准中查到。男子中间体170/88A颈椎点高为145cm。

颈椎点高也可以实际测量得到，测量方法是：被测者自然站立，测量其第七颈椎点到地面的垂直距离。

方法3：人体自然垂直站立，直接从第七颈椎点向下量至合适的位置。

（2）前衣长

人体自然垂直站立，从肩颈点向下经过胸部量至合适的位置。

2. 胸围 B

较贴体型：$B=B*+$内衣容量$+（12～16）$cm。

较宽松型：$B=B*+$内衣容量$+（16～20）$cm。

$B*$为净体胸围尺寸，内衣容量一般为2cm。

3. 肩宽

① $S=$总肩宽$+（1～2）$cm。

② $S=0.3B*+17.6+（2～4）$cm。

4. 胸腰差 $B-W$

较吸腰型：$B-W=8～12$cm。

宽腰型：$B-W=0～8$cm。

5. 臀围 H

臀围为参考部位，非必要规格。$H=H*+（8～12）$cm，其中$H*$为净臀围。

6. 袖口 CW

$CW=0.1×（B*+2）+（4～5）$cm，袖口尺寸也可通过实际测量得到。

7. 袖长 SL

$SL=0.3×$号$+（7～8）$cm$+$垫肩有效厚度。

垫肩有效后度$=$垫肩实际厚度$×0.7$。

从肩端点处沿手臂外侧经过肘点量至手腕处，西服袖长比内穿衬衫袖长短2～3cm。

8. 肩斜

我国男子肩斜平均为20°，考虑到西服需要加装垫肩，本书西服制图实例中，男西服前肩斜采用20°，后肩斜采用18°。

（二）非主控部位尺寸规格设计

1. 撇胸

撇胸量一般为1～2cm。通过撇胸处理，调整前后腰节长差量。胸部造型丰满，撇胸量可稍大；相反，平胸则撇胸量小。撇胸量大小也和扣子个数有一定关系，一粒扣和两粒扣西服的撇胸量可大些如2cm，而三粒扣西服撇胸量可调整为1.5cm。

2. 袖窿深

袖窿深与号型同步变化。前袖窿深$=0.1×$号$+8$cm，本书西服制图实例采用公式$B/5+（3.5～4）$cm。

3. 横领宽、直领深

前横领宽$=B/12-（0～1）$cm；前直领深$=B/12$（前直领深可在此基础上根据川口线的高低进行适当的调整；后横领宽$=$前横领宽$+0.3$cm；后直领深$=1/3$后横领宽。

4. 肩斜线

男性标准体肩斜为20°。因有撇胸和垫肩，在制图时，前肩斜为20°，按15∶5.5定；后肩斜为18°，按15∶5定。

肩部是男西服衣身最难处理部位之一。肩部造型关系到西服的美观和舒适。当肩斜小时，服装重量集中在颈部周围，压力增大，穿着不舒适，在后背腋下出现斜皱；当肩斜过大时，服装重量集中在肩部，肩头有压迫感，穿着不舒适，且肩部还有横向水波纹。

5. 肩宽与背宽

西服制图时，肩宽与背宽相互制约协调。总肩宽与背宽差值控制在3.5～4cm，比较符合人体肩宽与背宽的比例关系。因此制图时，后肩冲肩量一般为1.5～2cm。

6. 领子制图

（1）制图　领子在衣身结构图上进行制图，如图6-32所示。

① 确定倒伏度。将衣片驳口线延长，并作其平行线，平行距离为0.7×领座宽（0.7b），沿所作平行线与肩线交点A取翻领宽+领座宽（a+b），得到B点，过B点作其垂线，长度为2×（翻领宽−领座宽），得到C点，连接A点和C点并延长，使之等于后领弧长，得到D点。

② 作领中心线。过D点作AD线垂线，长度为翻领宽+领座宽（a+b），得到E点。

③ 定领前宽点。沿川口线取4cm得到领台宽F点，按图示满足领嘴宽5cm、领台宽4cm、领前宽3.5cm，得到领前宽G点。

④ 画领外口弧线。连接E点和G点，并修正画顺。

⑤ 画领下口弧线。以AD线为基准，将D点和领圈上的Q点之间画顺，即为领下口线。

⑥ 画领翻折。从D点沿领后中心线量取领座宽b得到H点，W点是驳口线和领圈线的交点。在H点和W点之间画顺，即为领子翻折线。

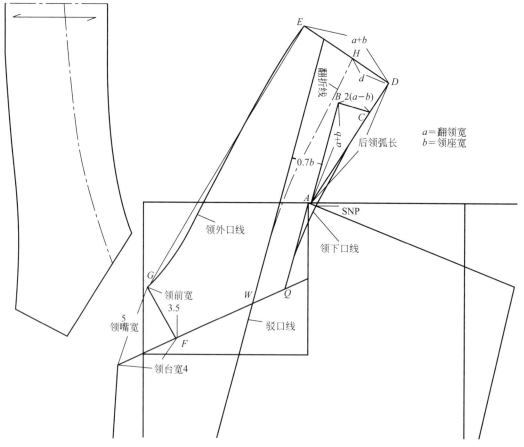

图6-32　翻驳领结构制图

（2）领面分领座处理　直接制图得到的领子为连领座翻领，领子的翻折线偏长，穿起来领子距离颈部较远，不贴体，不美观。可以通过对连领座领子进行分领座处理解决此问题，如图6-33所示。具体方法如下。

① 作分领座线。作连领座领子翻折线的平行线，间隔距离为0.7～1cm，得到分领座线。

② 作纵向分割线。连领座领子下口线以SNP点为界，SNP点向后部分三等分，SNP点向前部分两等分，过等分点作下口线垂线至领外口线。

③ 沿分领座线将连领座领子分为领座和翻领两部分。

④ 领座叠合处理。沿领座纵向分割线开剪至领下口线但不剪断，分领座线在每个开剪处叠合0.15cm，然后重新画顺分领座线和领下口线。

⑤ 翻领外口线切展。沿翻领纵向分割线开剪至分领座线但不剪断，翻领外口线在每个开剪处拉开0.15cm，然后重新画顺分领座线和领外口线。

通过分领座处理，改变了领座下口线弧度方向；同时使领座和翻领的分领座线长度不同，制作时通过缩缝处理，就可以使领子贴体美观。

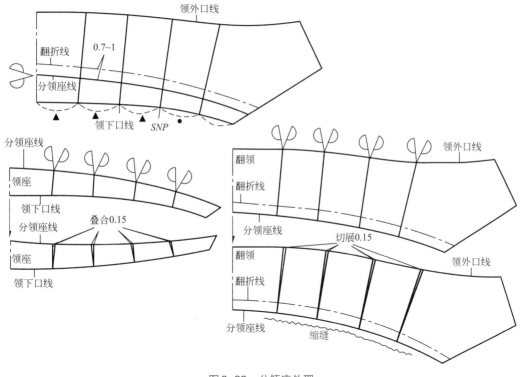

图6-33　分领座处理

7.袖子制图

袖子制图时，袖山高、袖肥、袖山吃势是最重要的尺寸。

（1）袖山高　袖山高依据袖窿深均值的六分之五或是按照袖窿弧AH的三分之一计算。袖山过高，绱袖后在袖山附近会出现横向水波纹，袖肩部鼓起过高；袖山过低，袖肩部过平无鼓起，产生纵向辐射状皱纹，如图6-34所示。

（2）袖肥　袖肥通过控制袖山斜线长度得到。袖山斜线长度与袖窿AH相关。袖山斜线=1/2AH+（0～1）cm（调节参数），调节参数与袖山吃势大小有关，袖山吃势大时，调节参数相应就大，反之则小。

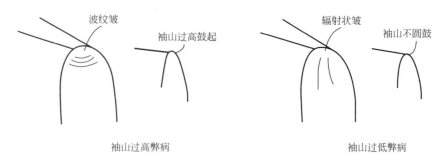

图6-34　袖山不当导致的弊病

三、男西服实例

（一）普通男西服

1.款式特征

　　三开身结构，平驳头圆摆，单排两粒扣，左胸有一手巾袋，左右前衣片各一圆角袋盖双嵌线开袋，左右各一腰省，后中破缝无开衩，肩部内衬薄型垫肩，两片圆装袖，袖口开衩，袖口衩上3粒装饰扣，全夹里，如图6-35所示。

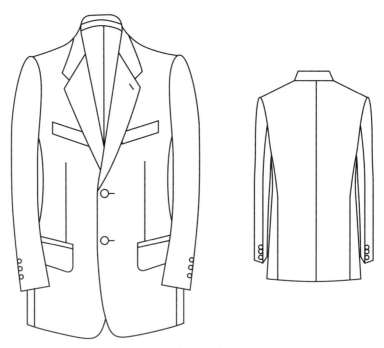

图6-35　普通男西服款式图

2.制图规格

号型	前衣长L	胸围B	背长	肩宽S	袖长SL	袖口CW	翻领宽a	领座宽b
170/92	72cm	108cm	42.5cm	45cm	60cm	14.5cm	3.6cm	2.6cm

3.结构制图（图6-36～图6-38）

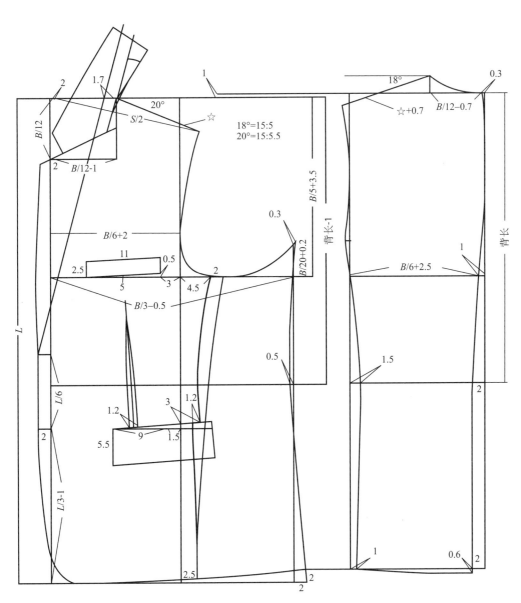

图6-36 普通男西服衣身结构图

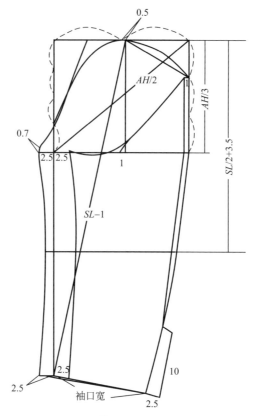

图6-37 普通男西服袖子结构图

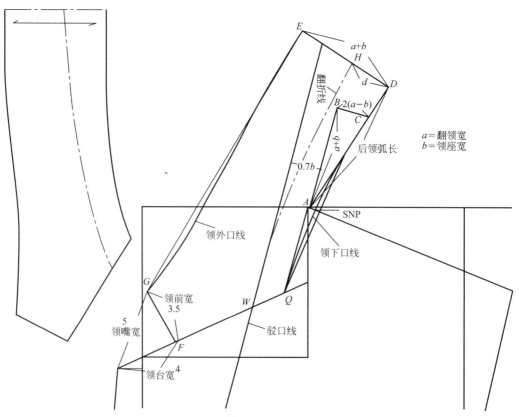

图6-38 普通男西服领子结构图

（二）戗驳头男西服

1.款式特征

三开身结构，戗驳头直下摆，双排六粒扣，左右前衣片各一直角袋盖双嵌线开袋，左右各一腰省，后中破缝无开衩，肩部内衬薄型垫肩，两片圆装袖，袖口开衩，袖口衩上3粒装饰扣，全夹里，如图6-39所示。

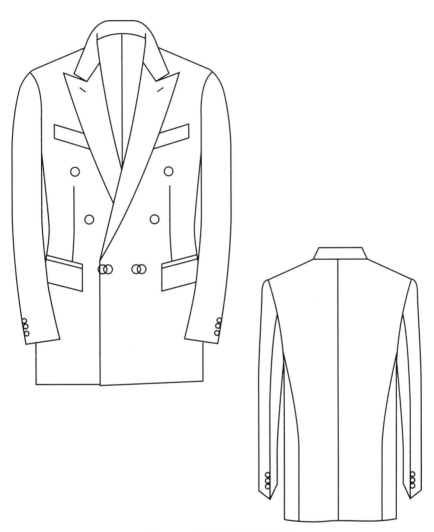

图6-39　戗驳头男西服款式图

2.制图规格

号型	前衣长L	胸围B	肩宽S	袖长SL	袖口CW	翻领宽a	领座宽b
170/92	74cm	108cm	46cm	60cm	14.5cm	3.6cm	2.6cm

3.结构制图（图6-40～图6-42）

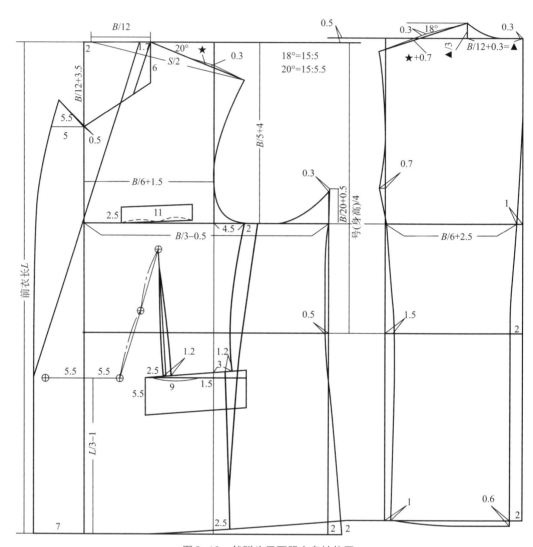

图6-40　戗驳头男西服衣身结构图

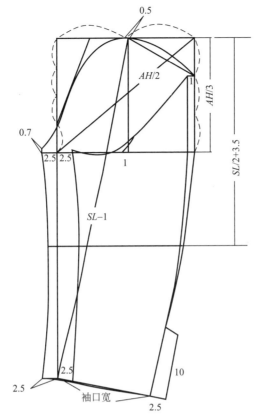

图6-41 戗驳头男西服袖子结构图

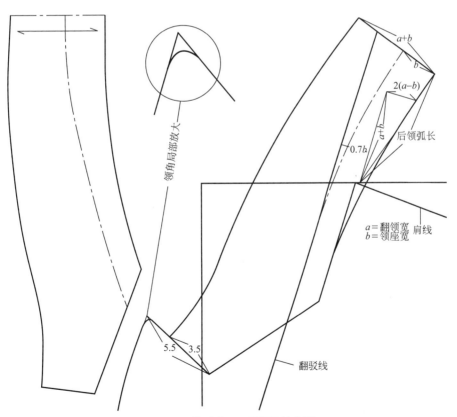

图6-42 戗驳头男西服领子结构图

（三）休闲西服

1.款式特征

三开身结构，衣身较合体，平驳头圆摆，单排三粒扣，左胸一圆角贴袋，腰腹侧各一圆角贴袋，后中破缝，袋边、驳头、门襟止口、领外口均缉明线，如图6-43所示。

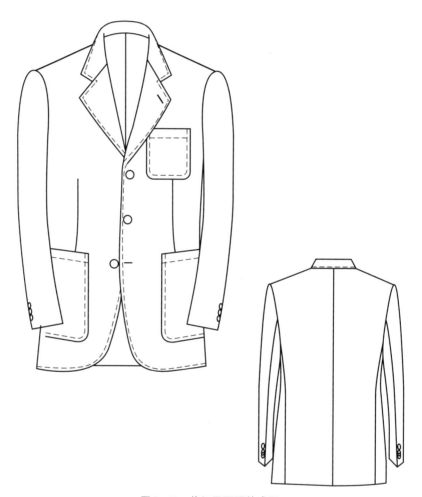

图6-43　休闲男西服款式图

2.制图规格

号型	前衣长L	胸围B	肩宽S	袖长SL	袖口CW	翻领宽a	领座宽b
170/92	75cm	106cm	46cm	60cm	14.5cm	3.5cm	2.5cm

3.结构制图（图6-44和图6-45）

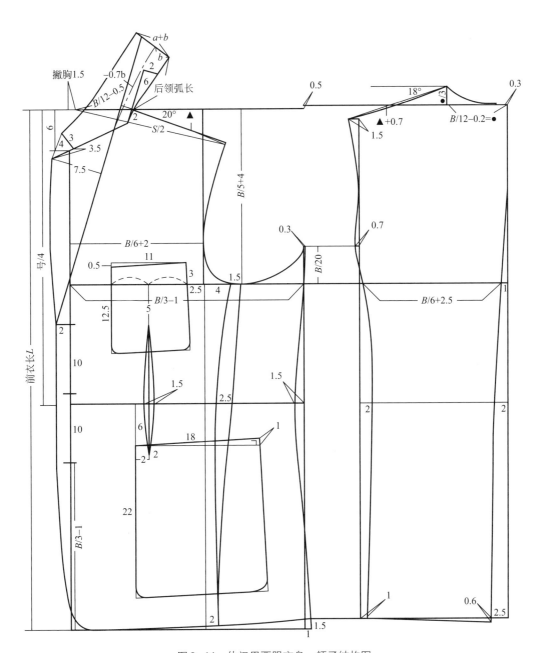

图6-44 休闲男西服衣身、领子结构图

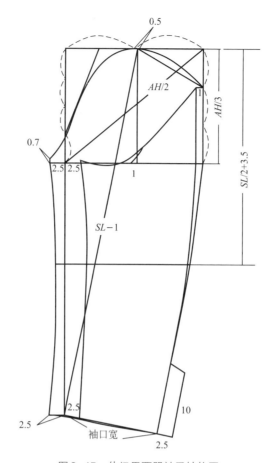

图6-45 休闲男西服袖子结构图

（四）猎装

1.款式特征

猎装衣身廓型类似休闲西装，三开身结构，平驳头直摆，单排三粒扣，有腰省和肋省，左右衣片胸部和腰腹侧各一贴袋，后片上部横向育克分割，下部中有褶裥，腰部有腰带，肩部和袖口装有装饰襻带，袋边、驳头、门襟止口、领外口均缉明线，如图6-46所示。

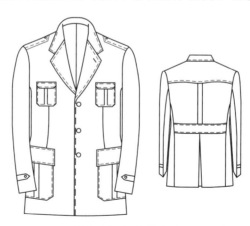

图6-46 猎装款式图

2.制图规格

号型	前衣长L	胸围B	肩宽S	袖长SL	袖口CW	翻领宽a	领座宽b
170/92	75cm	108cm	46cm	60cm	14.5cm	3.6cm	2.6cm

3.结构制图（图6-47和图6-48）

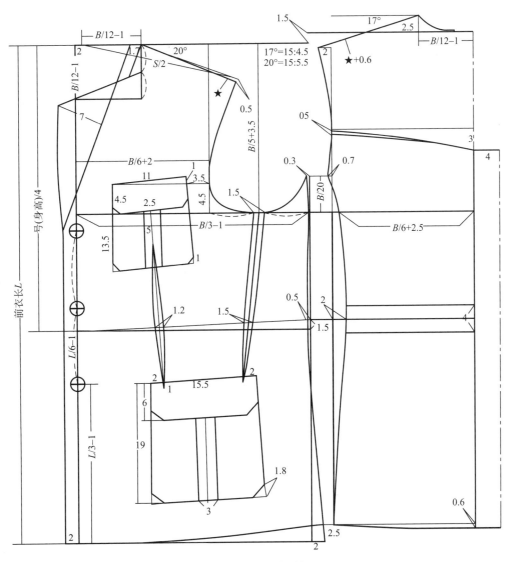

图6-47　猎装衣身结构图

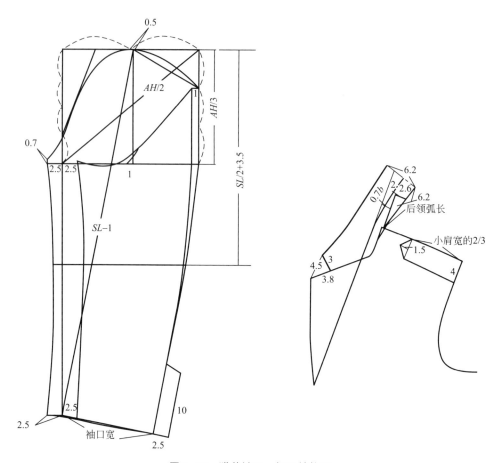

图6-48　猎装袖子、领子结构图

第四节　男外套

一、男外套的分类

男外套也是男装中的重要品种，其分类非常多，从休闲到正式场合都可穿着。由于款式灵活多变，美观实用，深受男士喜爱。顾名思义，外套即穿着于上衣最外面的服装，其用途是防寒挡风雨。其款式因穿着场合及用途不同而不同，大衣的款式无论从结构还是细节上，都比西服更富于变化，如图6-49和图6-50所示。

（一）按长度分类

外套长度以膝围线为界，可分为长外套和短外套。在膝围线以下为长外套，膝围线以上为短外套。

（二）按造型分类

（1）收腰造型　主要用于礼服外套，风格庄重，款式较固定。

（2）直身造型　造型简洁，配合驳领、圆装袖，略显庄重；配合翻领、插肩袖，则显随意。
（3）松身造型　款式变化较多，造型夸张。

（三）按功能分类

有特种功能的军大衣、各种劳保外套（如防酸碱外套）等。

巴尔玛大衣(直身型)　　　　　　　　特来彻风衣(直身型)

直身长外套　　　　暗门襟收腰长外套　　　　双排扣收腰长外套

图6-49　长款外套

短款单排扣H型大衣　　　　短款双排扣收腰风衣

图6-50　短款外套

二、男外套实例

（一）双排扣收腰长款大衣

1.款式特征

长款大衣，造型较合体。三开身结构，双排六粒扣，圆角翻驳领，翻领较宽，前片在腰部和肋部都有收省，且左右前片在腰部有袋盖双嵌线开袋，左胸有手巾袋，后片破缝开衩，两片圆装袖。此款大衣采用质地较厚实的面料如粗纺毛呢、羊绒等制成，如图6-51所示。

图6-51　双排扣收腰长款大衣款式图

2.制图规格

号型	后衣长L	胸围B	肩宽S	袖长SL	袖口CW	翻领宽a	领座宽b
170/88	112cm	116cm	48cm	61cm	17cm	7cm	3.5cm

3.结构制图（图6-52和图6-53）

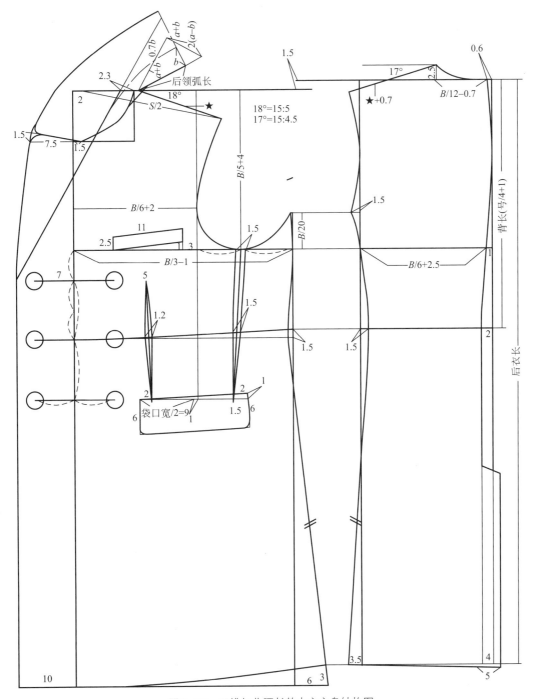

图6-52　双排扣收腰长款大衣衣身结构图

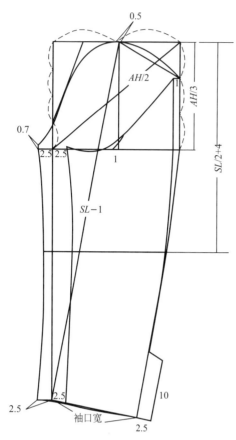

图6-53　双排扣收腰长款大衣
袖子结构图

4.结构说明

（1）后衣长　长款大衣的底摆通常在膝围线下15～20cm，后衣长测量时从第七颈椎点量至底摆需要的位置即可。也可按身高即号的数值根据公式计算，即后衣长＝3/5身高（号）＋（10～14）cm。

（2）胸围　本款大衣穿于西服外且面料较厚实，因此胸围松量较大，为28cm。

（3）落差　前后片上平线有1.5cm的落差，前后腰节线也有1.5cm的落差。

（4）肩宽和前后肩斜　大衣穿于西服外，因此肩宽在西服肩宽基础上增加2cm，前后肩斜比西服要小一些，前片调整为18°，后片调整为17°，用比值表示分别为15：5和15：4.5。

（5）后领圈中心撇进　后领圈中心撇进量较西服大，为0.6cm。

（6）袖子和领子结构制图　此款大衣的袖子和领子的制图方法同男西服的袖子和领子的制图。领子在基本制图后，也需做挖领角处理。

（二）暗门襟插肩袖中长款外套

1.款式特征

中长款外套，长度在膝围线上，造型较宽松。四开身结构，暗门襟五粒扣，关门方角翻领，直腰身，前后片均无省，前片腰部有斜插开袋，后片破缝开衩，两片插肩袖，袖口有装饰襻带。此款外套面料可采用厚度适中的毛织物或混纺织物，如图6-54所示。

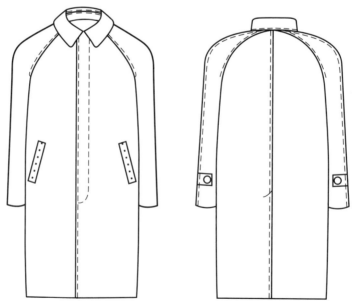

图6-54　暗门襟插肩袖中长款外套款式图

2.制图规格

号型	后衣长L	胸围B	肩宽S	袖长SL	袖口CW	翻领宽a	领座宽b
170/88	90cm	114cm	46cm	61cm	17cm	6.5cm	4cm

3.结构制图（图6-55）

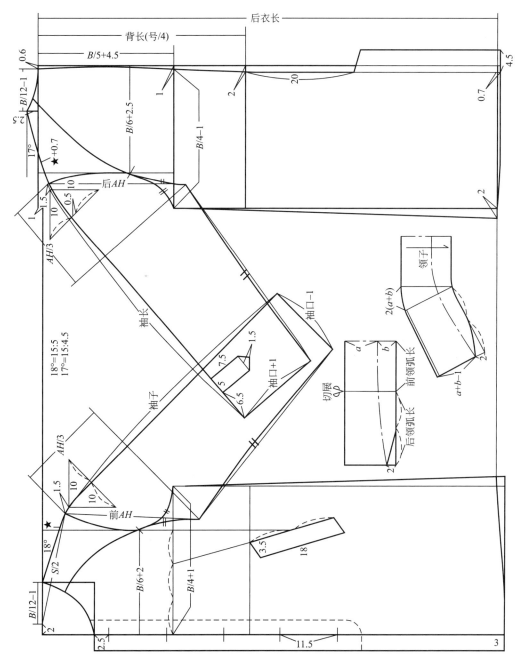

图6-55　暗门襟插肩袖中长款外套结构图

4.结构说明

（1）胸围　本款虽为宽松外套，考虑到使用面料较薄，胸围松量也相应小一些，为26cm。采用四开身结构，前后片胸围分配基本比例为$B/4$。

（2）落差　前后片上平线有1cm的落差，前后腰节线也有1cm的落差。

（3）肩宽和前后肩斜　因是插肩袖结构，肩宽可取与西服相同，但是画袖子时要在前后肩线端点延长1.5cm。前后肩斜比西服要小一些，前片调整为18°，后片调整为17°，用比值表示分别为15:5和15:4.5。

（4）后领圈中心撇进　后领圈中心撇进量较西服大，为0.6cm。

（5）袖子和领子结构制图　插肩袖实质是袖子借用部分衣身结构，因此直接在前后衣片上制图。本款外套采用较合体的插肩袖型，袖山高按基本袖山高$AH/3$确定，前后袖肥分别按前后衣片袖窿弧长确定。为确保袖山和袖窿弧缝合部分等长，可做适当调节。前袖中线45°倾斜，后袖中线倾斜度稍小一些，约为41°。

（6）领子结构制图　领子采用连领座翻领制图方法，在基本制图后需做挖领角处理。

5.插肩袖的结构原理与设计

插肩袖是袖子借用衣身部分肩胸部形成的袖型。其结构原理如图6-56所示，是由一片袖变化得到的。一片袖从袖中线剪开，取衣身部分肩胸与袖山组合，然后修正轮廓线，形成插肩袖的前后袖。插肩袖也可直接在衣身结构上制图，如图6-56所示。

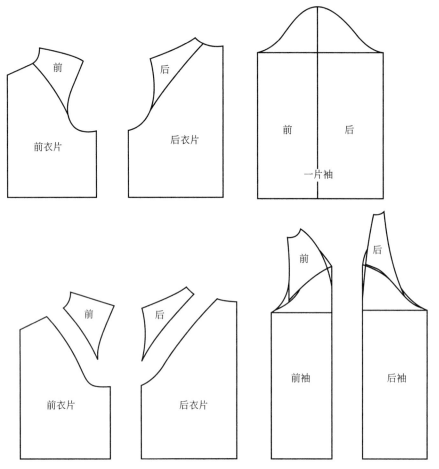

图6-56　插肩袖结构原理

插肩袖也有合体与宽松之分，其决定因素是袖中线角度。袖中线角度是指直接制图时，袖山中线与水平线的夹角。前后袖山中线角度略有差别，一般后袖山中线比前袖山中线小2°～4°。当前袖山中线角度为45°时，为中性插肩袖，即袖子宽松度介于贴体与宽松之间。宽松袖袖山中线角度小于45°，且角度越小，袖山越浅，袖肥越肥，袖子越宽松；贴体插肩袖袖山中线角度大于45°，且角度越大，袖山越深，袖肥越瘦，袖子越贴体。

（1）插肩袖袖山深的确定　中性插肩袖按基本袖山深的$AH/3$确定，宽松袖和贴体袖在$AH/3$基础上做调节。

（2）插肩袖袖肥的确定　插肩袖前后袖肥分别确定。确定袖山深后，从前后肩端点分别作前袖肥斜线（长度为前AH）和后袖肥斜线（长度为后AH）与前后袖山深相交，即求得前后袖肥。

（三）直身连帽短外套

1.款式特征

造型风格简洁随意，长至膝上，圆顶连帽，前中门襟较宽，四粒牛角扣，皮带扣襻；前后肩部整体育克，腰部左右各一圆角贴袋；下摆开衩，较宽松圆装袖，袖口有装饰襻带，各部位止口缉明线。这款外套多选用较厚实的粗纺毛呢面料或双面粗纺呢面料制成，保暖性好，适合日常休闲场合穿着，如图6-57所示。

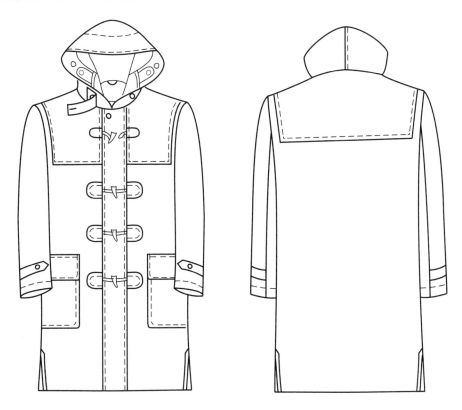

图6-57　直身连帽短外套款式图

2.制图规格

号型	后衣长L	胸围B	领围C	肩宽S	袖长SL	袖口
170/88	91cm	118cm	48cm	49cm	63cm	17cm

3.结构制图（图6-58和图6-59）

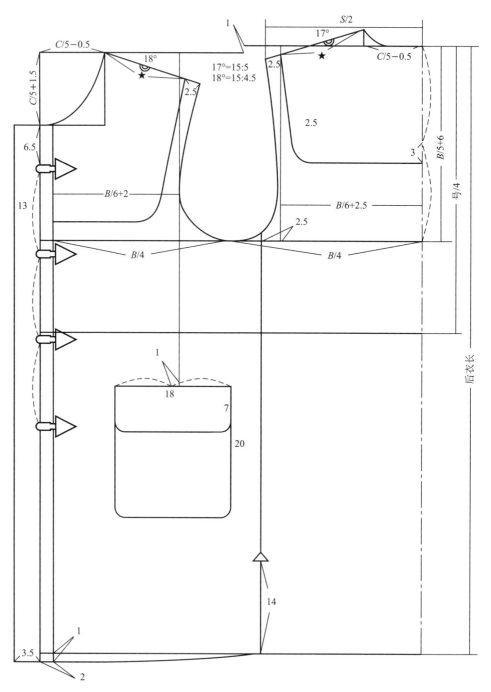

图6-58 直身连帽短外套衣身结构图

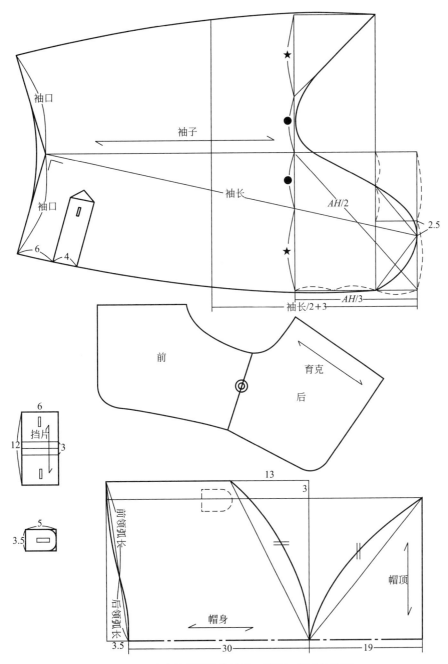

图6-59 直身连帽短外套袖子、育克、帽子结构图

4.结构说明

（1）胸围 这是一款比较休闲宽松的外套，且使用较厚的面料，因此胸围的加放松量稍大，为30cm。制图时胸围采用B/4的基本分配比例，但是侧缝后移，在靠近背宽线处分割为前后片。

（2）下摆 不加放下摆量，采用直下摆，在侧缝处开衩，以方便运动。

（3）袖子 这款外套袖子采用连体的两片袖结构，比分离的两片袖要宽松。袖山高采用基本袖山高AH/3，采用袖肥斜线AH/2确定袖肥。因为在绱袖时采用肩压袖工艺，且缉宽明线，因此袖山吃势不宜过大，应控制在2～3cm。

第五节 男上装生产工艺单实例

一、男马甲生产工艺单实例

品牌	××××××	季节	春秋	纸样编号	×××××	制单人	×××
款名	男马甲	款号	×××××	接单日期	×年×月×日	交货日期	×年×月×日

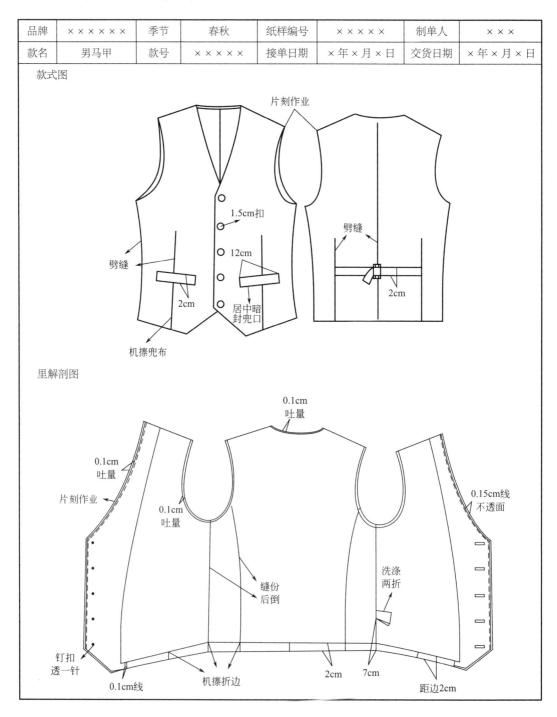

款式图

里解剖图

粘衬示意图

距边0.2cm粘
1cm有纺直条

0.5cm不粘

0.5cm不粘

距边0.2cm粘
1cm有纺直条

面料
省条
2cm

薄无纺衬

厚无纺衬

劈缝

有纺端
打胶条

0.5cm不粘

3cm薄有纺衬

薄无纺衬

一、裁剪规定

（1）面料打卷放开，自然回缩16h，方可裁剪

（2）裁剪前预选色差、疵点情况，必须将所有折痕处理掉

（3）拉布时，布要自然放平，不能拉紧或过松，经纬纱向不能斜

（4）割刀后裁片必须符合样板，样板上所有对刀须打剪口

（5）打号要清晰，部位要隐蔽，不得露出；打号要准确无误，不得串号、漏号、凡要配套的产品均钉号标

（6）凡事有毛向或者光泽明显的面料，必须跟客户确认后方可裁剪

（7）压衬要求

a.按测试条件操作，衬对衬压，衬不许外露，单层压时须垫纸

b.所有粘有纺衬的裁片均要过粘合机，须放4h后再净裁

c.领子粘衬时要顺经纱方向进行

（8）凡是条格面料要严格执行对格规定

a.左右前片：对称、对格   g.胸兜牌与身：对条、对称

b.大兜盖与身：对条、对格   h.领面两端对格、对称

c.领面与后身对条、对格   i.后背、止口：对条、对格、对称

d.前袖与身：对横   j.袖缝：对横

e.马面缝：对横   k.扒缝：对横

f.驳头：对条、对格、对称

二、整熨规定

（1）整熨时各部位要横平竖直，止口不返吐

（2）底边熨实、顺直，底边里与面之间距离等宽

（3）双肩圆顺、平服、不打绺

（4）前身要平服、挺阔、无折痕

（5）各部位无皱褶、无折痕、无沾污、无水渍、无烙印亮光

（6）各部位要对称

（7）整熨后挂起，通风10h后方可包装

三、质检规定

（1）成品尺寸严格对照尺寸表核对

（2）手缝、机缝线头不得超过0.1cm

（3）各部位要求对称，无污渍、无水渍、无线头

（4）要严格参照首件鉴定结果，检验大货是否相符

（5）半成品除检查外效果，还要参照样品及工艺检查内部工艺是否符合要求

四、工艺规程

针码密度要求：缝纫线针距为3cm/13针；手扦线为1cm/3针

缝份要求：缝份均为1cm；下摆折边为4.5cm

线的使用：缝纫线、打结线、锁眼结线为50#丝线；锁眼线为30#丝线；钉扣线为顺扣色60S/3棉线；商标线为顺商标色50#丝线

锁眼部位	扣眼尺寸	眼距边	备注	钉扣部位	扣规格	扣边距	备注
左止口眼	1.8cm	1.5cm 眼心量	圆眼五个	右止口扣	1.5cm	1.5cm	手钉扣五粒 缠脖高0.3cm

五、规格尺寸规定（单位：cm）

型号	后衣长	胸围	小领长	兜牌长	兜牌宽
165/88	56.5	92	18.5	12	2.5
170/90	57.5	94	19	12	2.5
175/92	58.5	96	19.5	12	2.5
180/94	59.5	98	20	12	2.5
185/96	60.5	100	20.5	12	2.5
190/98	61.5	102	21	12	2.5

二、男西服生产工艺单实例

品牌	×××××	季节	春秋	纸样编号	××××××	制单人	×××
款名	两粒扣男西服	款号	×××××	接单日期	×年×月×日	交货日期	×年×月×日

款式图

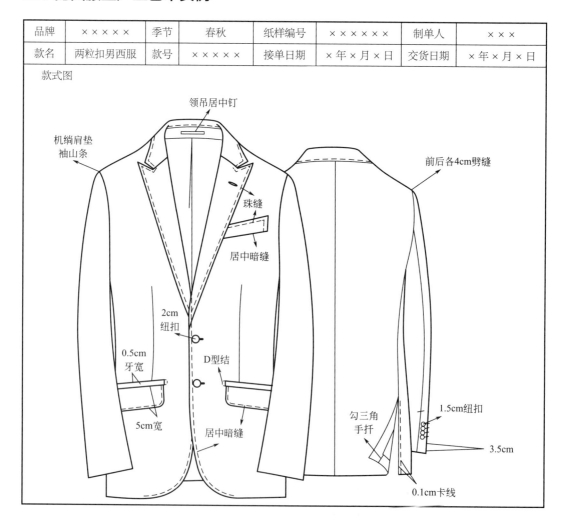

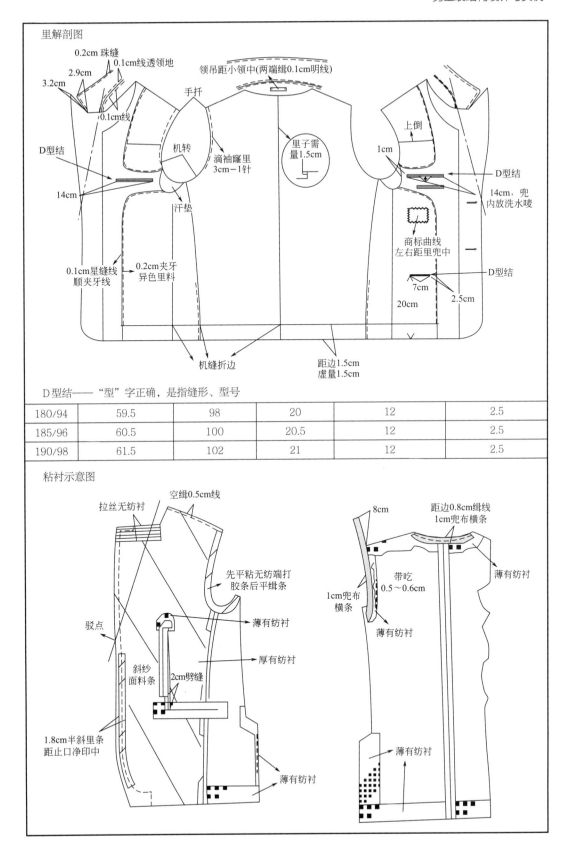

D型结——"型"字正确，是指缝形、型号

180/94	59.5	98	20	12	2.5
185/96	60.5	100	20.5	12	2.5
190/98	61.5	102	21	12	2.5

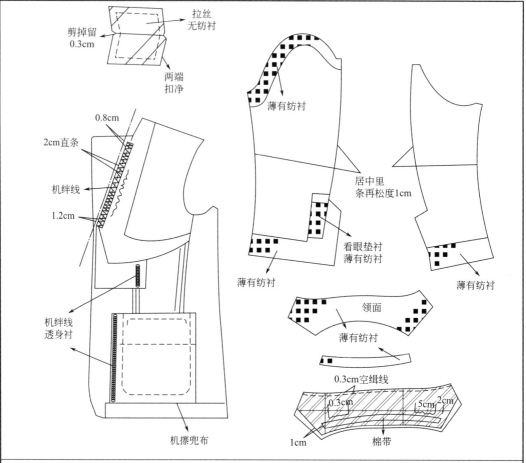

一、裁剪规定

（1）面料打卷放开，自然回缩16h，方可裁剪

（2）裁剪前预选色差、疵点情况，必须将所有折痕处理掉

（3）拉布时，布要自然放平，不能拉紧或过松，经纬纱向不能斜

（4）割刀后裁片必须符合样板，样板上所有对刀须打剪口

（5）打号要清晰，部位要隐蔽，不得露出；打号要准确无误，不得串号、漏号，凡要配套的产品均打号标

（6）凡是有毛向或者光泽明显的面料，必须跟客户确认后方可裁剪

（7）压衬要求

a.按测试条件操作，衬对衬压，衬不许外露，单层压时须垫纸

b.所有粘有纺衬的裁片均要过粘合机，须放4h后再净裁

c.领子粘衬时要顺经纱方向进行

（8）凡是条格面料要严格执行对条规定

a.左右前片：对称、对格   j.大兜盖与身：对条、对格

b.胸兜牌与身：对条、对称   h.领面与后身对条、对格

c.领面两端对格、对称   i.前袖与身：对横

d.后背、止口：对条、对格、对称   j.马面缝：对横

e.袖缝：对横   k.驳头：对条、对格、对称

f.扒缝：对横

二、工艺规程

（1）领子　领面粘领衬一层，暗线劈缝，两侧各缉0.15cm明线。领底粘领衬一层，领座位加缉棉带，领外口面、里缉用后万能机纳之。绱领为领面与身串口处暗线劈缝，后领口暗线倒缝，领底串口处用双面胶与身、领底一周手扦

（2）前身　前身粘衬一层，胸省开刀劈缝，省尖垫斜纱省条。胸部附胸衬一层，左前身做胸兜一个，两端按型扣缉曲线，横缝0.5cm，绱兜牌为暗线劈缝，垫带上端与身暗线劈缝，压缉0.1cm明线，下端与兜布缉一周。前身下部左右各做双牙带盖挖兜一个，兜口、兜牙粘衬一层，挖兜机挖之。兜盖里面与按型勾翻。垫带折缉0.15cm线。兜口两端暗线封缉3～5道，右前身里做里兜一个，左前身里做里兜、烟兜或里兜、烟兜、笔兜各一个；兜口、兜牙附无胶衬一层，挖兜机挖之。垫带下端折缉0.1cm线，兜牙下端与兜布勾缉。兜口两端暗缝3～5道，正面机打结。身止口与贴边按型勾翻，缝份偏刻，身刻0.1cm，贴边留0.7cm。止口要松紧适宜，左右对称，大兜口居中暗缝兜口，始末不回针

（3）后背　面劈缝，里倒缝，上部需要1.5cm，顺至中腰

（4）扒缝　凡是侧开祺款的西服，左右扒缝下端做侧开祺，上片粘衬一层，折进与里勾翻，左右后下部暗缝“–”型

（5）底摆　底摆折进处粘衬一层，扣好后净后背里子

（6）袖子　袖口折进处粘衬一层与里勾缉，并做成开衩。袖里余度为1cm，用袖山折边机擦缝。绱袖为劈缝，前后各4～5cm，机擦肩垫、胸衬。袖窿机绱袖山条，距绱袖线0.1cm，袖山条不宜过紧，袖窿里一周手扦

三、整熨规定

（1）整熨时各部位要横平竖直，止口不返吐

（2）底边熨实、顺直，底边里与面之间距离等宽

（3）袖内外缝熨实、顺直，袖开衩熨实

（4）双肩圆顺、平服、不打绺

（5）前身要平服、挺阔、无折痕

（6）领子、驳头左右对称、串口要直

（7）各部位无皱褶、无折痕、无沾污、无水渍、无烙印亮光

（8）各部位要对称

（9）整熨后挂起，通风10h后方可包装

四、质检规定

（1）成品尺寸严格对照尺寸表核对

（2）手缝、机缝线头不得超过0.1cm

（3）各部位要求对称，无污渍、无水渍、无线头

（4）要严格参照首件鉴定结果，检验大货是否相符

（5）半成品除检查外效果，还要参照样品及工艺检查内部工艺是否符合要求

五、工艺规程

针码密度要求：缝纫线针距为13针/3cm；珠缝线、星缝线针距为6针/3cm；手扦线为3针/1cm

缝份要求：背中缝、扒缝：1.5cm；马面缝、绱袖缝：0.8cm；其他缝份均为1cm；袖口折边：4.5cm；下摆折边：4cm

线的使用：缝纫线、珠缝线、打结线、锁眼结线为50#丝线；锁眼线为30#丝线；钉扣线为顺扣色60S/3棉线；商标线为顺商标色50#丝线；贴边星缝线要根据客户要求作业

手缝部位：里条：袖内、外缝

机擦点：各兜布、下摆各缝份、袖口各缝份

手缝：袖窿、领底、胸兜牌、侧开衩手擦按“=”型、贴边角、侧开衩

手擦：扒缝。

六、号型规格规定（单位：cm）

号型	前衣长	后衣长	胸围	中腰	下摆	肩宽	袖长	袖口	袖肥
160/88	73	70.5	102	93	104	44.6	58	13.8	19.6
165/92	75	72.5	106	97	108	45.8	59.5	14.1	20.2
170/96	77	74.5	110	101	112	47	61	14.4	20.8
175/100	79	76.5	114	105	116	48.2	62.5	14.7	21.4
180/104	81	78.5	118	109	120	49.4	64	15	22
185/108	83	80.5	122	113	124	50.6	65.5	15.3	22.6
190/112	84	81.5	126	117	128	51.8	66.5	15.6	23.2

第三篇

男装工艺设计
与制作

男装工艺设计基础

服装生产流程一般可分为如下五个阶段：生产准备、裁剪工序、缝制工序、后整理工序、质量检验。为保证缝制工序的顺利进行，需要制定出相关的缝制工艺文件、缝制工艺方法及缝制质量要求等。缝制技艺的高低、缝制工艺流程制定得是否合理，都会直接影响到工作效率和产品质量。

第一节　手缝工艺

手缝工艺主要是使用布、线、针以及其他材料和工具，通过操作者手工进行加工的工艺形式。尽管目前缝纫机械已经普及，但作为传统的缝纫工艺技法之一，手缝工艺仍有其独特之处。手缝工艺的优点是工具简单，操作方便、灵活，能做出各种精细、复杂的针迹。在高档成衣和高级定制服装中，有许多工序仍由手工完成辅助或者装饰的功能，进一步提高了缝制质量，显示出工艺档次。它的缺点是速度慢，效率低。

一、常用工具

1.手针

手针是最基本的缝纫工具，由于布料的质地、薄厚及缝线的粗细不同，因而有着相应型号的缝针，如表7-1所示。手针要针身圆滑、针尖锐利无毛刺和弯曲变形，以保证缝纫过程顺畅并保护缝料。

表7-1　手针型号及适用范围

针号	1	2	3	4	5	6	7	8	9	10	11	12	13	14	15
针粗（直径）/mm	0.96	0.86	0.86	0.80	0.80	0.71	0.71	0.61	0.56	0.48	0.48	0.45	0.39	0.39	0.33
针长/mm	40.5	38	35	33.5	32	30.5	29	27	25	25	22	22	29	25	22
适用范围	帆布用品		锁眼钉扣上肩衬		毛呢类或衬布		一般薄料		精细的丝绸服装		刺绣		薄料上刺绣或穿花珠等装饰		

2.顶针

又称针箍，在缝制过程中用来保护手指以及协助运针。

3.剪刀

种类较多，有裁剪刀、小纱剪、绣花剪刀、花边剪刀等。前三者用于裁剪面料和剪断缝线，花边剪刀用于修饰面料的边缘。注意，剪刀的刀尖要锋利。

4.花绷架

有方绷、圆绷两种。圆绷多用于小件刺绣，以竹材制成；方绷多用于大件绣品，以木材制成。

二、常用针法

缝针手法，即手工缝纫的运针方法，由于缝纫部位、缝制材料、缝合要求及作用的不同，会采用不同的针法。比较常用的针法如下。

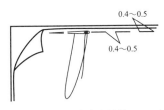

1.平针

即平缝或合缝，是手工缝制的基础方法。多用于部件的缝合、假缝，或者拉缩抽褶，是一种一上一下、自右至左、顺向等距的向前运针方法。两面针迹相同，排列顺直整齐，可抽动聚缩，如图7-1所示。

图7-1　平针针法（单位：cm）

2.回针

回针又称钩针，多用于加固某些部位的缝纫牢度，分为全回针、半回针和逆向回针三种。全回针的线迹正面相接，外观上与平缝机线迹相似。逆向回针的起针方向与前两者相反。操作方法及横截面状态如图7-2所示。

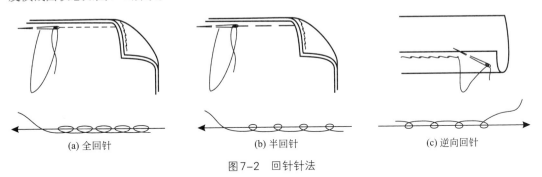

(a) 全回针　　　　　　　　(b) 半回针　　　　　　　　(c) 逆向回针

图7-2　回针针法

3.攥针

攥针又叫定针，用于服装的两层或多层的定位缝合或临时固定。主要是为服装加工中的机缝工序服务的，目的是使服装的部件或衣料之间不移位，在成品上作为临时固定的攥线必须拆除。它分为直攥、斜攥、卷边攥。起针方向为自右向左，一上一下运针。图7-3所示分别为斜攥和卷边攥。

4.缲针

缲针用于服装的下摆、袖口、脚口等折边的处理方法，一般衣料表层不显露明显针迹，分为明缲、暗缲、对缝、人字形缲缝等。

（1）明缲　用于固定折边，分为直缲、斜缲和水平缲，是一种缝线略露在外面的针法，一般在反面缲起1～2根纱丝，使正面不露线迹，缝线松紧适宜。图7-4所示分别为直缲和水平缲。

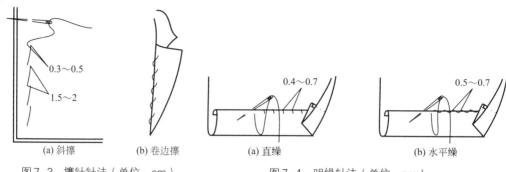

| (a) 斜撬 | (b) 卷边撬 | (a) 直缲 | (b) 水平缲 |

图7-3　撬针针法（单位：cm）　　　　　　　图7-4　明缲针法（单位：cm）

（2）暗缲　线缝在底边缝口内的针法，在布料的反面缲起1～2根纱丝，线藏在折边内，缝线略松，针距0.5cm左右，如图7-5所示。

（3）对缝　又称绷缲缝，多用于西装上饬驳领角与领角的缝合，将两个折边连接如车缝状且看不到线迹的方法，如图7-6所示。

（4）三角针　属人字形缲缝，多用于固定折边。针法为内外交叉使线斜向交叉成三角，从左向右倒退运针，如图7-7所示。要求正面不露线迹，缝线松紧适宜。

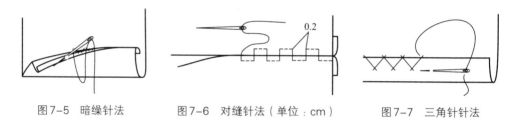

图7-5　暗缲针法　　　　　图7-6　对缝针法（单位：cm）　　　　图7-7　三角针针法

5.拱针

拱针又称攻针。多用于外衣大身正面止口处及裤子侧缝止口处，可加固衣缝，又具有一定的装饰作用，一般为暗拱，距边缘0.5cm，针距0.6cm左右，在正面仅露微小针迹，如图7-8所示。

6.打线钉

打线钉属于撬针。用于缝制物上的对位记号，分为单线双打和双线单打两种形式，如图7-9所示。均自右往左前撬，针距按缝制要求而定，直线处约为2cm，弧线处略紧密些。打线钉多使用白棉线，原因是其不掉色、醒目、绒头长不易脱落。线钉剪好后修成0.3cm左右，轻轻熨烫或用手拍实，以免脱落。

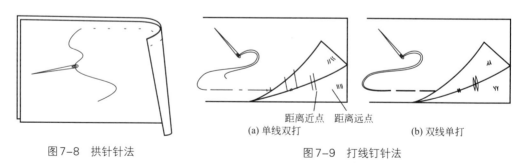

　　　　　　　　　　　　　距离近点　距离远点

　　　　　　　　　　　　　(a) 单线双打　　　　　　(b) 双线单打

图7-8　拱针针法　　　　　　　图7-9　打线钉针法

7.环针

环针又称甩针。用手工缝合裁片毛边，防止丝绺脱散，一般在边缘绕缝，针距0.7cm左右，如图7-10所示。

8.拉线襻

拉线襻分为活线襻、梭子襻和双花襻。

（1）活线襻 用于衣服贴边摆缝部位面料和夹里的连接，或在裙侧腰里处作吊带。分起、钩、拉、放、连5个步骤完成，如图7-11所示。

（2）梭子襻 一般用于袖口处作假扣眼。线迹为一环扣一环，呈链条状，如图7-12所示。

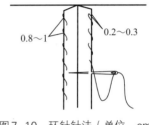

图7-10 环针针法（单位：cm）

（3）双花襻 用于驳头处的插花眼。首先打衬线，左侧要预留出较长的线尾；然后右侧线尾绕出线套，针由衬线下穿过，压住左侧线尾，再把左侧线尾顺势缠绕针尖一圈，线头从右侧线套底下穿出；最后把两线头同时抽紧。然后重复以上动作，直到将衬线填满，把两线头穿至反面打结，如图7-13所示。

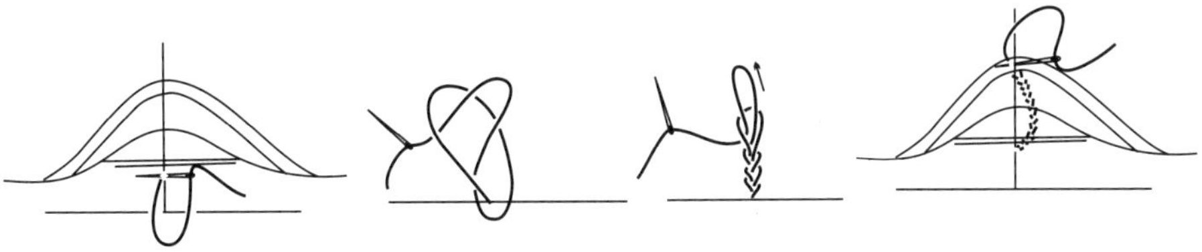

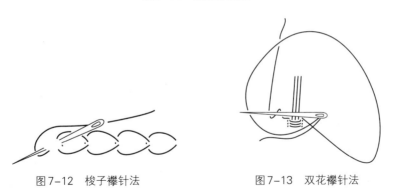

图7-11 活线襻针法

图7-12 梭子襻针法   图7-13 双花襻针法

9.打套结

打套结主要用于中式服装开衩口、裤子门襟、袋口两端等部位，增强了开口牢度，防止被拉扯破裂，又具有一定的装饰作用，如图7-14所示。

衬线反复4行

图7-14 打套结针法

10.纳针

纳针是一种将服装两层或多层衣料牢固地扎缝在一起的针法，用于毛呢服装的扎驳头、垫肩等处。可按需要使所扎部位形成一定"窝势"，并具有一定的弹性和硬挺度，自左向右、一上

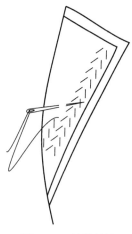

图7-15 纳针针法

一下运针，针距、行距均在0.7cm左右，整列线迹间呈斜向平行排列，形成"八"字形，在衣料的表面仅微露细小针点，针尖起落时应均匀一致，朝同一方向，换行时改变方向，如图7-15所示。

11. 锁扣眼

扣眼在外观上分为方头、圆头两种。加工方法有手工缝锁和机器缝锁之分。根据衣料的厚薄不同，可选择单股线、双股线或三股线。扣眼的大小为纽扣的直径加上0.2cm。图7-16和图7-17所示锁眼方法，分别为方头扣眼和圆头扣眼。

12. 钉纽扣

普通纽扣有两孔、四孔，缝针后一般形成"一""二""X"线迹。缝时缝线略松，并在钉线四周缠绕4～5圈，使之成为长约0.3cm的线柄，衣料越厚，线柄越长，使扣进入扣眼后平服。衣料较厚或高档服装第一扣，一般在反面垫以衬扣，以增强牢度，多采用双线钉扣，如图7-18所示。

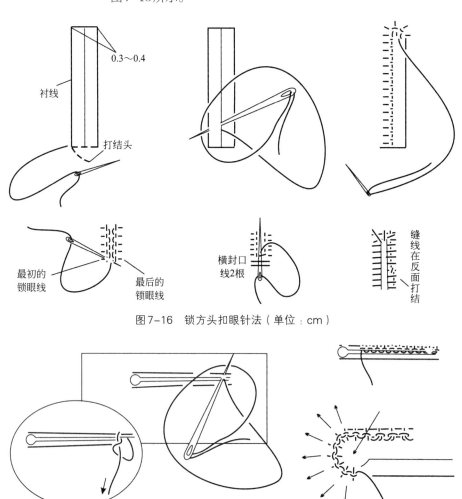

图7-16 锁方头扣眼针法（单位：cm）

图7-17 锁圆头扣眼针法

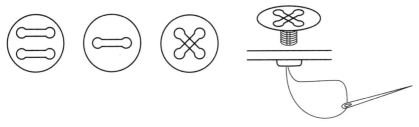

图 7-18　钉纽扣针法

第二节　机缝工艺

机缝工艺是指采用缝纫机进行的缝制加工形式。现代的服装机械种类各异，功能齐全，使服装生产工效快、产量高，而且线迹整齐美观。机缝工艺以工业用平缝机为主。

一、缝针与缝线的配合

工业用平缝机的机针与平缝针相反，号数越大，针越粗。常用的机针为13号、14号，机针的选择与缝料的厚薄、质地有关。缝线要与机针相匹配，直径不能超过机针容线槽深度的80%，否则容易断线，或者供线不及时，从而影响缝制质量，如表7-2所示。

表7-2 机针、缝线型号及适用范围

类别	机针（号）	面料种类	缝线（号）
薄料	9	薄细布、亚麻布、丝绸	棉、丝线100～150
	11	薄棉布、一般薄料	棉、涤线80～100
普通料	14	普通布料、细布	棉、涤线60～80
	16	粗斜纹布、薄毛织物	棉、涤线40～60
	18	普通手工织品	棉、涤线30～40
厚料	19	厚毛织品、粗帆布	棉、涤线20～30

二、常用缝型

机缝缝型，是指缉缝布片采用不同的方法。缝制服装时，根据服装的不同样式、部位和缝合要求的不同，往往采用不同的缝型。

1.平缝

平缝又叫勾缝、合缝，是服装缝纫中最基本的缝制方法。将两层缝料正面相叠，按照预留的缝份（一般在0.8～1cm）进行缝合。由于上层衣片为间接推送，受压脚阻力使送布较慢，下层衣片由送布牙直接推送而送布较快，这样操作中易产生上松（长）下紧（短）的现象。为保持上、下层缝合平齐，缝合时可稍推上层、略拉下层，如图7-19所示。

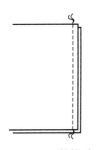

图 7-19　平缝缝型

2.分压缝

分压缝也叫劈压缝，是在平缝的基础上将缝份向两侧分开坐倒，在正面缉线将两侧缝份分别固定，如图7-20所示。

3.扣压缝

扣压缝也叫作压缉缝，是将一侧裁片的毛片扣光，与另一裁片正面相搭合并压缉一道明线，如图7-21所示。操作时要求针迹整齐，止口均匀，平行美观，位置准确，裁片折边平服，无毛边。多用于贴袋、袋盖和过肩等处。

4.搭缝

搭缝又叫平叠缝，是将两块布料的缝份互相搭合，并在居中缉缝一道线，如图7-22所示。要求线迹平直，上下层布片搭合处不皱缩，搭合缝份宽窄适当，不能过多或过少，也不能一边多一边少。搭缝多用于衬布、衬料、胆料的拼接，有平服、减少拼接厚度的作用。

5.折边缝

折边缝是将裁片毛边折光，并扣折成三层，再沿折边上口缉缝。折边有宽窄之分，宽边多用于休闲型服装的袖口、下摆底边和裤子脚口等，窄边多用于男衬衫的底摆边、衬裤脚口边等，如图7-23所示。

6.来去缝

来去缝也称反正缝或筒子缝，是将布料正缝反压后，在布料的正面不露线迹的方法。在缝"来缝"时，两块衣料相叠，正面向外，对齐缝边，沿边缘0.3cm做合缝。然后将衣料反转，反面向外，沿边缘再做一道"去缝"，并要将来缝的缝口包光。要求缝份整齐均匀，宽窄一致，无起皱现象，如图7-24所示。多用于女衬衫和童装的摆缝、肩缝等处的缝合。

7.骑缝

骑缝也称咬缝、闷缝，是一种经过两次缉缝，将两层布料的毛边包转在内的制作方法，如图7-25所示。第一次缝合时，是将衣片的正面和反面相对叠合缉第一道线，缝份一般预留0.7cm左右，然后将下层布片翻转向上，布边向内折转0.7cm，盖在第一道缝线线迹上，并超出约0.1cm，接着在翻转的折边上压缉第二道缝线，止口约0.1cm。多用于制作衣领、绱裤腰、绱裙腰、绱袖克夫等。

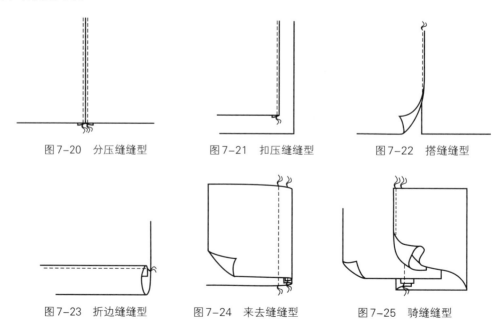

图7-20 分压缝缝型　　　图7-21 扣压缝缝型　　　图7-22 搭缝缝型

图7-23 折边缝缝型　　　图7-24 来去缝缝型　　　图7-25 骑缝缝型

8. 灌缝

灌缝又称漏落缝，是一种将线迹藏在折边或分缝槽内的方法。先将暗缝拼接缝合，然后在衣片正面衣缝边缘缉线或将正面的缉线线迹暗藏在缝线分开的凹槽之内，如图7-26所示。多用于裤、裙腰头及里襟等部位。

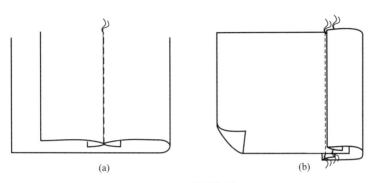

图7-26　灌缝缝型

9. 包缝

包缝又称包边、滚边，是一种把两层布料的毛边都能包光的制作方法。用细长的斜向滚边条将裁片的毛边保护起来，滚边条有上下两个毛边，多用于薄料的缝合。它有三种缝制方法。其一，先将下毛边扣烫0.5cm，再把滚边条上毛边与裁片两者正面相对，缉缝0.5cm，最后折转滚边条，且下层的滚边宽度要大于上层的宽度，用灌缝方法压缉，成为正面看不到明线的包缝。其二，滚边条正面与裁片反面相对，缉缝0.5cm，再折转滚边条、折光滚边条毛边，沿止口缉缝0.1cm明线，成为正面有明线的包缝。其三，如果滚边条较短，如袖衩等，先将滚边条如图扣烫，保证下层滚边宽度大出0.1cm，再将裁片毛边塞入滚边条，夹缉0.1cm明线，如图7-27所示。

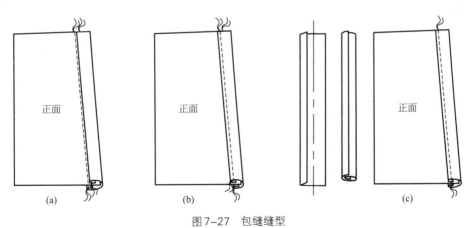

图7-27　包缝缝型

10. 内包缝

内包缝也称暗包缝、裹缝、反包缝，多用于中山装、牛仔裤等的缝合。制作时，一般将下层包转的面料多预留出0.7cm的缝份，如图7-28所示。将两层衣片正面相对叠合，下层预留出的缝份包住上层衣片的边缘并沿边缉第一道线，然后将上层衣片向右翻折，在正面压缉0.4~0.5cm的明线。要求缉线一定要顺直，宽窄一致，缝份要对齐，布面平整，止口整齐美观。内包缝外观上正面一道线迹，反面两道线迹。

11.外包缝

外包缝又称明包缝，主要用于风衣、大衣、夹克等服装的缝制。缝制的方法与内包缝相同，只是开始叠合时是反面相对，于正面绱线，再翻折沿边绱窄止口，如图7-29所示。外包缝在外观上正面有两道明线，具有一定的装饰性，制作要求与内包缝相同。

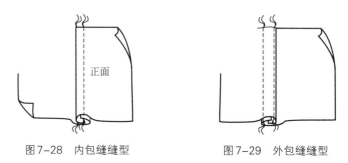

图7-28　内包缝缝型　　　　　图7-29　外包缝缝型

第三节　工艺流程设计

缝制工艺流程隶属于缝制工序，是指根据成衣的款式、设计细节及结构等对各种裁片进行组装加工的工艺顺序。

作为后续缝制工作的指导书，缝制工艺流程的设计具有十分重要的作用。只有过程流畅、易于操作的缝制工艺才是良好的工艺，只有与结构设计相互促进而产生的缝制工艺才是先进的工艺。

缝制工艺流程的表现形式如图7-30所示。

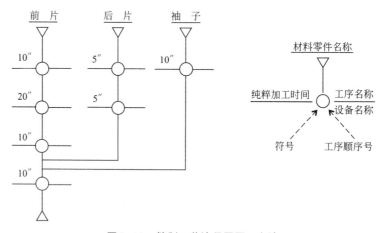

图7-30　缝制工艺流程图图示方法

在服装缝制过程中，由于专用机器设备和劳动分工的发展，服装制品的生产过程往往分为若干个工艺阶段，每个工艺阶段又分成不同工种和一系列上下联系的"工序"。我们把图7-30中的每个单元称为"工序"。

工序是构成作业系列分工上的单位，是生产过程的基本环节，是工艺过程的组成部分。明确了工序的加工方法、加工时间、所使用的机械设备等，才能够编制工艺流程图，才能够合理安排流水线、组织生产、确定工序的加工次序，并指导生产，保证生产质量。

第八章

男裤工艺设计与制作

第一节 男西裤

　　裤子原是男装的一个品种，20世纪初期被引入女装，五六十年代得以普及。现代的裤装有了很大变化，在结构上采用了大量的分割或造型设计，与配料、配饰的结合更为灵活，在用料方面选择的余地更为广泛。

　　本款男西裤臀围加放量为12cm左右，属于合身型。前片腰部没有褶裥，两边侧缝处装斜插袋，前开门，门襟装拉链；后片腰部左右各收省一个，并装双嵌线挖袋；腰头两片直腰，6根串带襻；直筒，平角口。其款式图及结构设计图如图8-1和图8-2所示。

图8-1　男西裤款式图

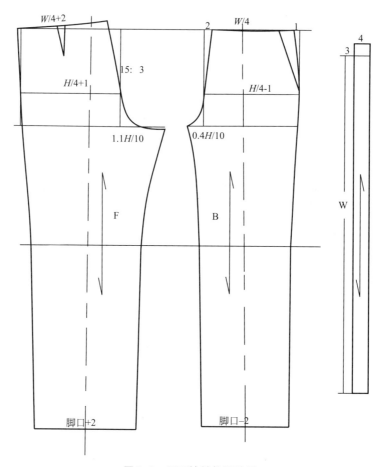

图8-2　男西裤结构设计图

一、成品规格（单位：cm）

号型	部位	衣长	腰围	臀围	立裆	中裆	脚口
175/82A	规格	105	84	102	28	25	24

二、部件裁剪

（1）面料　前裤片2片，后裤片1片，腰头面2片，门襟1片，里襟1片，侧袋垫袋布2片，后袋嵌线（袋牙）2片，后袋垫袋布2片，6根串带袢。

（2）衬料　腰衬、腰头里、里襟面、里襟夹里、门襟、后袋嵌线处均粘无纺衬。

（3）辅料　牵带、缝纫线、袋布、拉链、挂膝绸、四件挂钩、纽扣3粒。

三、缝制工艺流程

男西裤的缝制工艺流程如图8-3所示。

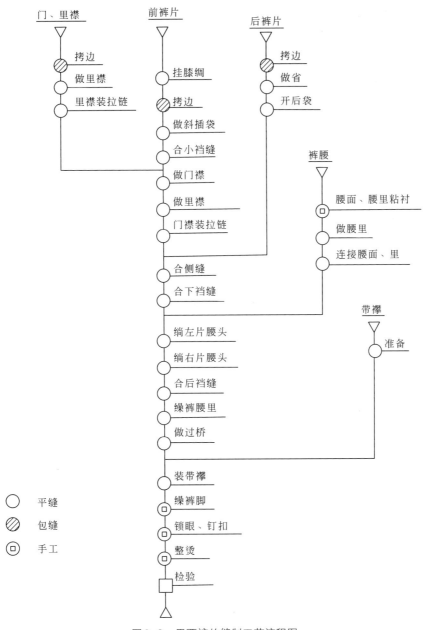

图8-3 男西裤的缝制工艺流程图

四、缝制工艺

（一）做缝制标记

在以下部位打剪口或线钉。

前裤片：裤中线、褶裥位、袋位线、中裆线、臀围线、脚口线。

后裤片：省位线、袋位线、裤中线、中裆线、臀围线、脚口线、后裆缝线。

垫袋布（侧袋）：袋位线。

（二）粘衬

按腰头面、门襟面的净样裁剪所需用衬（腰头用腰衬），里襟里、腰头里所用衬采用斜丝方向，双嵌线袋牙采用直丝方向。插袋处粘1cm宽直牵带，如图8-4所示。将衬放到正确位置，用熨斗粘实。

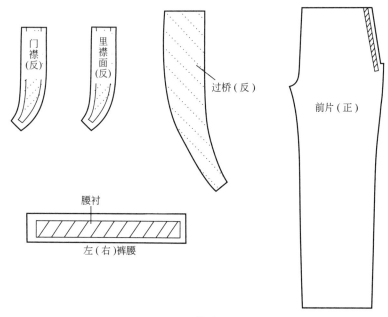

图8-4　粘衬工序

（三）做前裤片

1.归拔工序

（1）归拔中裆　如图8-5（a）所示，首先将插袋口胖势推进归直。在侧缝中裆处，将凹势略拔开，把侧缝烫成直线。再将前裆缝胖势推进归直，在下裆缝中裆处，将凹势略微拔开，把下裆缝烫成直线。在中裆拔开的同时，在烫迹线的相应部位即膝盖处，适当归拔，以保持烫迹线的挺直。最后将裥位按线钉标记摞线钉牢，在正面盖水布喷水烫平。

（2）烫裤中线　按烫迹线的线钉标记，将下裆缝份放平放齐，在裤片正面盖上水布，喷水烫平裤中线，如图8-5（b）所示。

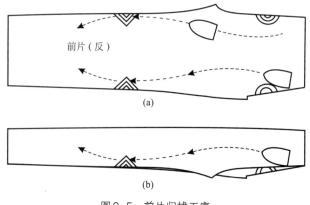

图8-5　前片归拔工序

2.挂膝绸

挂膝绸一方面能使穿着更为舒适，另一方面能够保护膝盖部分，增强穿着牢度。将膝绸下口毛边折光，扣倒0.5cm，连续2次，清止口，明缉0.1cm一道，然后放到前裤片的反面，上口与腰口平齐。与前片相比，留出0.3~0.5cm的松量，然后与前裤片一起锁边固定，将腰口一侧留出，如图8-6所示。

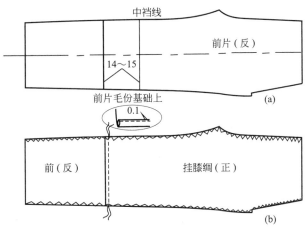

图8-6 挂膝绸工序（单位：cm）

3.做斜插袋

（1）缉袋布 如图8-7所示，先在下层袋布上按线钉标记固定垫袋布，对折上下袋布，反面相对，上层袋布距袋位线2cm处起针，沿边缉线0.3cm，翻至正面沿边缉0.5cm明止口一道。

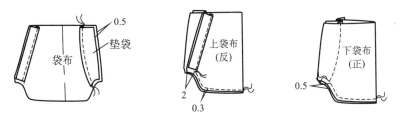

图8-7 缉袋布工序（单位：cm）

（2）装前袋 如图8-8（a）所示，把袋布与前裤片正面相对，对准袋口线钉标记，袋贴边夹于其中、距止口1cm将三层同时固定。如图8-8（b）所示，摊平袋布并熨烫止口，沿边缉线固定袋贴边与袋布。如图8-8（c）所示，将袋布折入反面，明缉止口0.1cm一道，缉时止口反吐0.1cm，使造型美观，手势略推送布，以免袋口起涟不平服。

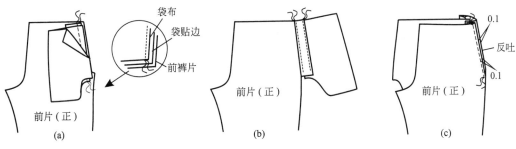

图8-8 装斜插袋工序（单位：cm）

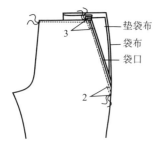

图8-9 定斜插袋工序（单位：cm）

（3）定斜插袋　如图8-9所示，把前片袋口线置于垫袋布上下两个剪口处，在袋口腰位线向下缉3cm双线固定袋口上端，然后将袋布移开，在袋口下端缉双线2cm。在腰口线处把前裤片、垫袋布和袋布三层在缝份以内固定。

4.做前开口

（1）合小裆　如图8-10所示，将左、右前裤片小裆止口对齐，从标记开始缉至尾部2cm处止。

（2）粘衬及锁边　如图8-11所示，先将门、里襟反面粘上无纺衬（厚料可不粘），粘实后锁边，门襟锁外弧线一侧，里襟锁内弧线一侧。里襟里简称过桥（或称老鼠尾），采用与袋布相同的漂布，并在反面粘上斜丝无纺黏合衬。

（3）做门襟　先将门襟内弧线与左前片正面相对，沿边缉缝0.7cm，缉至拉链尾下1cm标记位置，倒针回牢，缉时略推送布，如图8-12（a）所示。翻转门襟，缝份向里坐倒，坐进0.1cm并烫平，如图8-12（b）所示。翻开前裤片，在缝份上压缉0.15cm止口一道，使止口不反吐，如图8-12（c）所示。

（4）做里襟　如图8-13所示，里襟与过桥正面相对，缝份0.7cm，然后翻至正面将过桥坐进0.1cm缉止口明线0.1cm（扳住缝份不反吐），熨烫过桥止口，将里口止口1.5～2cm缝份扣净压倒，弯势处可适当开几个剪口，熨烫均匀、平服，过桥里口比里襟坐出0.1cm。

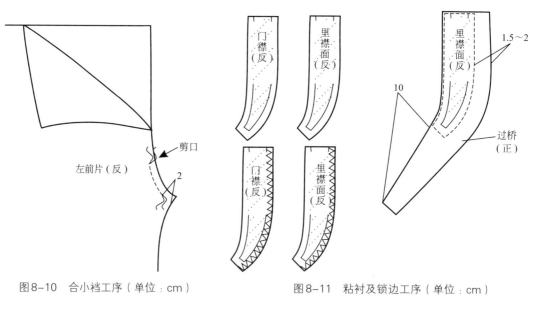

图8-10 合小裆工序（单位：cm）　　　图8-11 粘衬及锁边工序（单位：cm）

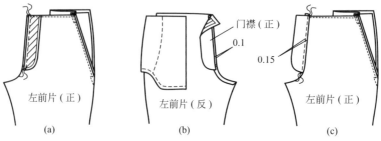

图8-12 做门襟工序（单位：cm）

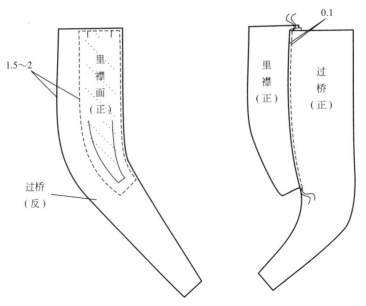

图8-13　做里襟工序（单位：cm）

（5）里襟装拉链　如图8-14所示，将拉链正面向上，左侧与里襟锁边侧沿边对齐，顶部对齐，掀开过桥，以0.5cm缝份将拉链固定，起止打倒回针。

（6）绱里襟　如图8-15所示，将右前片缝份向里扣净，坐倒烫平，至标记处减至0.8cm，扣烫时不可拉还，盖住里襟上装拉链缝线，拉开过桥，压绱0.1cm明线，绱时右手在下略拉里襟，左手向前推送右前裤片，否则易引起前裆线变形拉长。

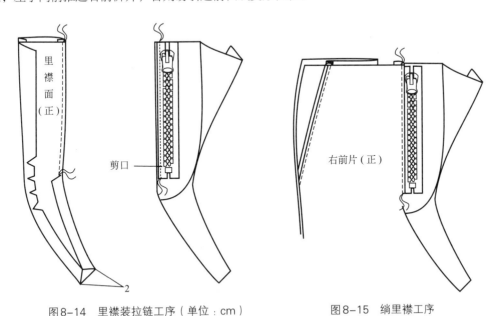

图8-14　里襟装拉链工序（单位：cm）　　　图8-15　绱里襟工序

（7）绱门襟拉链　如图8-16所示，将门襟止口盖住里襟止口0.3cm，在门襟上标示出拉链右侧的对应位置，拉开拉链，按标记位置从拉链反面起针，将拉链与门襟绱线固定，绱线时注意保持裤片的平服。

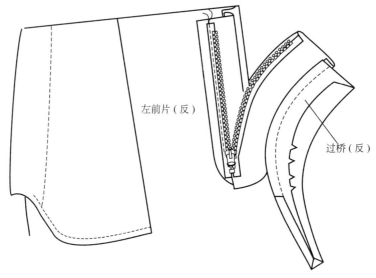

图8-16　绱门襟拉链工序

（四）做后裤片

1.归拔工序

（1）收省　省的大小、长短位置要缉准确，省缝要缉顺，省尖要缉尖，起始打回针。省尖缉过后，再空车多缝3～4cm，线头打结。在裤片反面将省缝均倒向后裆缝烫倒，并把省尖胖势向腰口方向略推，如图8-17所示。

（2）归拔后裤片　后裤片拔裆主要是使后腰臀处符合人体的体型特征，经收省后，后裤片虽已有部分臀部胖势，但尚未达到要求，通过归拔工艺将平面织物热缩变形，以达到所需造型。将后裤片臀部区域拔伸，裤片上部两侧的胖势推向臀部，将中裆以上的两侧部分凹势拔出，使臀部以下自然吸进，使成型后的西裤更加符合人体的体型，具体如下。

① 拔裆。熨斗从省缝上口开始，经臀部从窿门出来，伸烫。臀部侧缝处略归拢，后窿门横丝拔伸、拉开，横裆与中裆间最凹处拔出。注意在拔出裆部凹势时，裤片中部必产生"回势"，应将回势归拢烫平。

② 烫侧缝。熨斗自侧缝一侧的省缝开始，经臀部中间将丝绺伸长，顺势将侧缝一侧中裆上部的凹势拔出，再将熨斗向外推烫，并将裤片中部回势归拢，然后将侧缝臀部胖势归拢，如图8-18所示。

③ 烫裤中线。将归拔后裤片对折，下裆缝与侧缝对齐，熨斗从中裆开始，将臀部胖势推出。操作时可将左手伸入臀部挺缝线处向外推出，右手持熨斗同时推出，中裆以下裤片丝绺归直、烫平，如图8-19所示。

2.做后袋

（1）装垫袋布　垫袋布位置如图8-20所示，沿锁边线将垫袋布固定在下层袋布上。

（2）定袋位　如图8-21所示，按线钉标记在后片定袋位，袋位线与腰口平行，相距6～7cm，距侧缝0.04H，袋大15cm，并在反面粘上2cm宽、17cm长的无纺衬。注意左右裤片大袋位高低一致，长短相同。

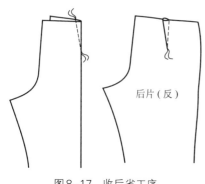

图8-17　收后省工序

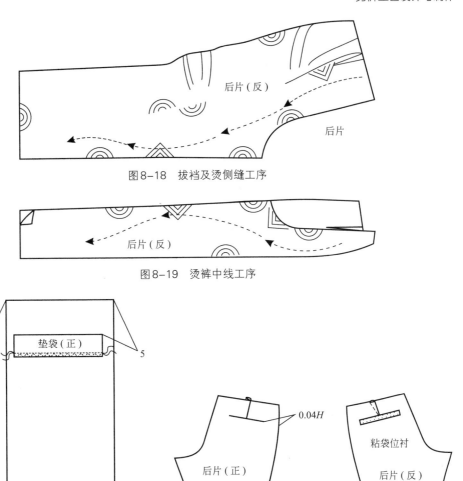

图8-18　拔裆及烫侧缝工序

图8-19　烫裤中线工序

图8-20　装垫袋布工序（单位：cm）

图8-21　定袋位工序

（3）做后袋　如图8-22所示。

① 扣烫嵌线。扣烫嵌线成1cm、2cm、3cm，在嵌线居中画出袋位线，对齐裤片袋位线，用手针扎缝定住，分别缉出上、下嵌线止口0.5cm，两线之间宽度1cm，起止与袋位线看齐，回扎针打住、打牢，如图8-22（a）所示。

② 开三角。沿袋位线在两道缉线间居中开剪，距线端1cm剪成三角形，开剪一定到位，剪至线根但不剪断缝线，留出0.1cm，以免毛漏或翻出不平服，如图8-22（b）所示。

③ 定嵌线。将三角折向反面烫倒，以免出现毛茬，然后将垫袋和嵌线翻入裤片反面，嵌线缝份向下坐倒，垫袋缝份向腰口坐倒。为保证上下嵌线宽窄一致，可边扎线边定嵌线，用熨斗熨烫平服，掀开裤片，将下嵌线缝份折光与袋布缉牢，如图8-22（c）所示。

④ 缉门字形封线。翻起袋布，上口与腰头平齐，再翻至裤片正面，将袋口右侧裤片翻起，来回四道缉封三角，不断线转过90°，沿上嵌线原缉线缉住袋布至另一侧，再转过90°，把另一侧三角封住，袋口封线整体呈"门"字形，封三角时应将嵌线、垫袋布拉挺，使袋口闭合，袋角方正，如图8-22（d）所示。

⑤ 合袋布。将上、下层袋布向内折转0.7cm对合，包足嵌线及垫袋，沿边0.3cm兜缉袋布，最后将上口与腰线在缝份以内固定，如图8-22（e）所示。

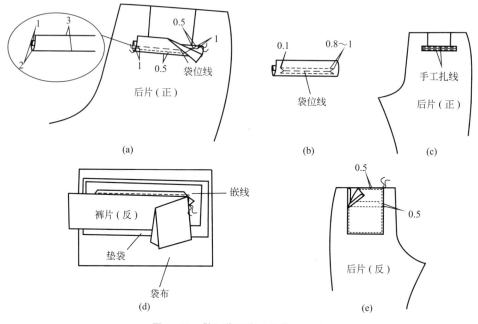

图8-22　做后袋工序（单位：cm）

（五）缝合前后裤片

1.合侧缝

将前裤片放在上层，外侧和后裤片正面相对，揭开前袋布，按照臀围线、中裆线、脚口处的线钉标记，由腰线开始起针，缝份0.8cm，缝时不能拉伸面料，将缝份劈开放在烫台上熨烫，如图8-23所示。

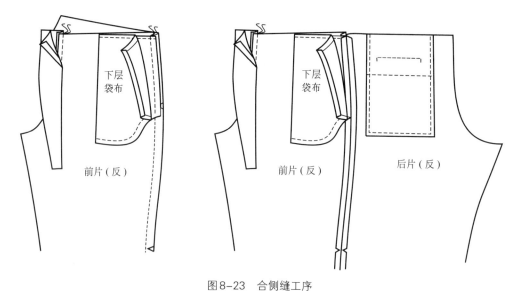

图8-23　合侧缝工序

2.绱前片斜插袋布

将下层袋布折进1cm后与后裤片侧缝缝份沿边对齐，沿边缉0.1cm止口一道，如图8-24所示。

3.合下裆缝

按照剪口位置缝合前、后片下裆，再用烫台劈缝熨烫，如图8-25所示。

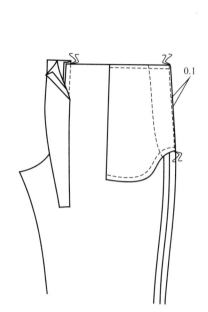

图8-24　绱前片斜插袋布工序（单位：cm）

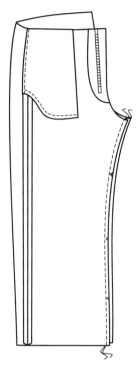

图8-25　合下裆缝工序

（六）做腰

1.裤腰组成

分左、右两片，由面、里、衬组成。腰面采用专用腰衬，裁配如图8-26（a）所示。腰里采用与袋布相同的漂布，均为斜料，三层相拼而成，如图8-26（b）所示。

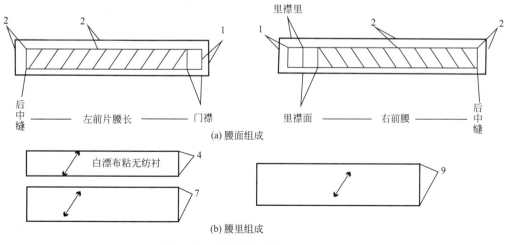

图8-26　裤腰组成工序（单位：cm）

2.做腰里

将4cm宽斜条反面粘上斜向无纺衬，上、下口均向内扣倒1cm，用熨斗烫平，不可拉还变形，形成2cm宽斜条，如图8-27（a）所示。再将7cm、9cm宽斜料分别对折，用熨斗压平，形成3.5cm、4.5cm宽的斜料，如图8-27（b）所示。使两块斜料毛边对齐，4.5cm宽放在上层，沿边缉线0.5cm，如图8-27（c）所示。然后与2cm宽斜条相对配置，在毛边处搭缝1cm，缉压0.1cm明线，将三层一齐固定，如图8-27（d）所示。

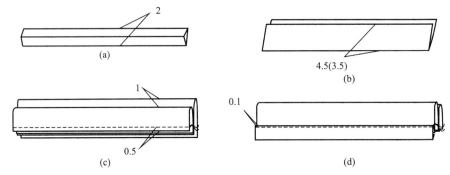

图8-27　做腰里工序（单位：cm）

3.连接腰面与腰里

扣倒腰面上口2cm缝份烫平，做好的腰里距腰面上止口0.4cm搭缝其上，拉开腰面，缉压0.1cm明线，将腰头熨烫平服，使腰里保持0.3cm的坐势，如图8-28（a）所示。在腰面下口的缝份上做出门、里襟侧缝，后中缝对位眼刀，左腰门襟下，腰里可短6cm左右，如图8-28（b）所示。

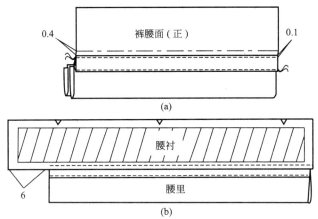

图8-28　做裤腰工序（单位：cm）

（七）装腰

1.做、钉带襻

（1）做带襻　先将带襻正面对折缉0.4cm缝份，然后烫分开缝并翻出，在正面两边缉止口0.1cm，如图8-29所示。

（2）装带襻　将带襻与裤片正面相对，上端与腰口平齐，距边0.5cm缉线固定，离边2cm来回缉封4道。左右片各3根带襻，位置为前烫迹线处、侧缝处、距后缝2.5cm处，如果腰围规格大，可适当增加带襻数量，如图8-30所示。

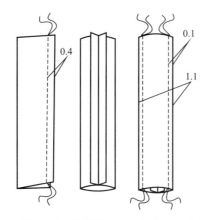

图8-29　做带襻工序（单位：cm）

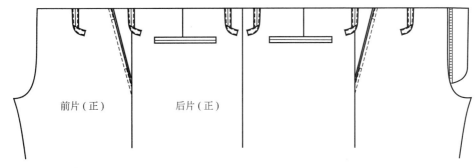

前片（正）　　　后片（正）

图8-30　装带襻工序

2.装腰

（1）装左裤腰　将左裤腰与裤片正面相对，眼刀对准，缉缝1cm，装时将门襟贴边拉出，腰面比门襟贴边长出1cm，再将裤腰翻出正面。按门襟眼刀将腰面向反面折转，与门襟相连的腰面处可先将腰衬净掉，以免缝料太厚，影响工艺效果。然后将裤腰搭嘴与裤腰正面相对，在搭嘴顶部沿裤腰净缝折留痕迹缉线固定，注意在裤腰正面不露线迹。最后翻至正面，如图8-31所示。

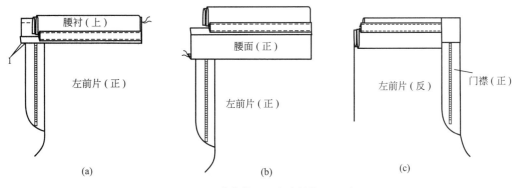

腰衬（上）

腰面（正）

左前片（正）　　　左前片（正）　　　左前片（反）　　门襟（正）

前片（正）

（a）　　　　　　　　　（b）　　　　　　　　　（c）

图8-31　装左裤腰工序（单位：cm）

（2）装右裤腰　右裤腰腰头止口比里襟多留1cm缝份，按照装腰眼刀标记，对齐腰口线缉线0.8cm，如图8-32（a）所示。将裤腰面与腰里正面相对折好，里子拖出0.3cm，在裤腰头缉线1cm，如图8-32（b）所示。缝份净成0.3cm，倒向腰里，再把腰头翻至正面，使里子坐进0.2cm再加以熨烫。完成后，腰头、里襟上下平直，无止口反吐现象，如图8-32（c）所示。

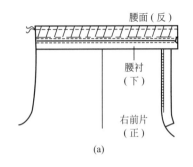
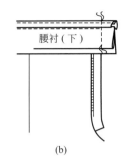
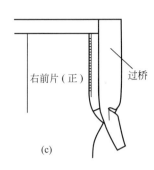

图8-32 装右裤腰工序

（3）合后裆缝 将左、右后裤片正面相对，对齐左、右裤腰和后裆止口，可先扎线固定，由原小裆缝缉线叠过4cm处起针，将十字缝对准，按后裆缝线钉标记缉向腰口，缝时要将后裆弯势拉直缉线，左、右腰里下口缉线斜度与后裆缝上口斜度一致，使腰头平服。为增加缝线牢度，可在裆底处缉双线，然后在铁凳上分缝熨烫。如图8-33所示。

（4）装四件扣 即装裤钩。门襟腰头装裤钩，高低以腰头宽居中为标准，左右以前端进1cm为宜，里襟腰头装"扁担"，与裤钩位置相对应。

（5）缉封带襻 将带襻向上翻正，上口离腰口0.3cm，缉线0.5cm，再按折痕扣倒0.6cm，将毛边压住，在带襻反面沿折线缉线4道，将带襻上口封牢，缉线只能缉住腰面，缉时将腰里掀起。再缲缝固定腰面与腰里，并在相应的位置拉线襻。缝线时应保持上下一致，松紧适宜，平服不变形，腰里正面无线迹，如图8-34所示。

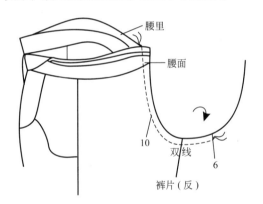

图8-33 合后裆缝工序（单位：cm）

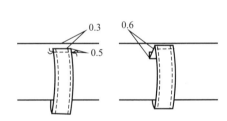

图8-34 缉封带襻工序（单位：cm）

（6）缉门襟止口明线 门襟正面向上放平，距止口3.5cm处画出门襟止口缉线形状，止口圆头的形状在门襟剪口下0.5cm处，按印记将裤片与门襟固定，缉缝时为防止出涟形，可略推送布或垫入硬纸板，并在末端封三角，如图8-35所示。

（7）缉过桥明线 将过桥尾的缝份扣净，两侧缝份按小裆底缝份宽度扣净，盖住小裆底缝份，缉压0.1cm明线止口，如图8-36所示。

（八）整理

1. 缲脚口

将裤子反面翻出，按照脚口线钉将贴边扣烫准确，先用线沿边撩住，然后用本色线沿锁边线将贴边与大身缲牢。可用三角针法或缲针针法。缝线时略留松量，大身只缲起1～2根丝绺，在裤片正面无线迹。

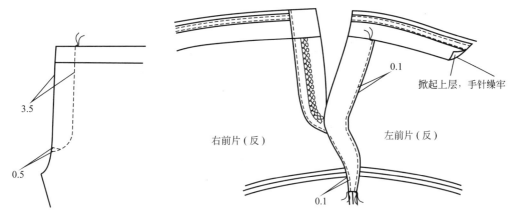

图8-35 缉门襟明线工序（单位：cm）　　　图8-36 缉过桥明线工序（单位：cm）

2.锁眼、钉扣

后袋嵌线下1cm居中锁圆头眼一只，扣眼直径1.7cm，垫袋相应位置钉纽扣一粒，直径为1.5cm。

（九）整烫

整烫前将所有残留的线钉拔出，线头剪净，粉印、污渍清除干净，再进行整烫，整烫的顺序是先内而外、先上再下、分步进行。

1.烫裤子的反面

在裤子的反面喷水，将侧缝和下裆分开稍拉伸烫平，不使裤子皱缩，把袋布、腰里烫平。随后在铁凳上把后缝分开，弯裆处边烫边将缝份拔弯，同时将裤裆轧烫圆顺。

2.熨烫裤子的上部

将裤子翻到正面，垫上烫干布或拧干的湿布，将省缝、褶裥、门襟、里襟、腰里、腰面烫平，再烫斜袋口，后袋嵌线。视熨烫部位的不同，选择布馒头、铁凳等烫具。熨烫时应注意各部位纱向是否顺直，遇到不平处用手轻轻抒顺，使各部位平挺圆顺。

3.烫脚口

先将裤子的侧缝和下裆缝对准，然后使脚口平齐，上盖水布烫平烫薄。

4.烫裤中线

裤子上部烫好后，将下裆缝和侧缝对齐摆平，先烫下裆缝，再烫前裤片的烫迹线。后裤片烫迹线的臀部部位要推出胖势，横裆处后隆门抒挺，使横裆收小，横裆上端下后挺缝适当归拔。上端烫至距离腰口10cm左右停住，后烫迹线烫成人体的曲线形状。然后将裤子翻转，用同样的方法熨烫另一条裤腿，注意后挺缝上口高低应一致。

（十）质量要求

① 外观整洁平挺，规格准确，误差在允许范围内。

② 袋口平服，左右一致，丝绺顺直，封口牢固。

③ 裤腰里、面无涟形，缉线顺直。

④ 带襻缉缝整齐一致，位置平直、美观、无误。

⑤ 裆底服帖无吊起。

⑥ 熨烫平整、到位，无烫黄、烫亮、污渍现象。

第二节 拓展环节

一、直插袋的制作

西裤的侧插袋有时也会做成直袋口形式的,上袋角距离腰口线3cm,袋口大小为15cm。款式如图8-37所示,制作方法如下。

1.合侧缝

将前后片正面相对,后片在下,缉合侧缝,但要把直插袋的位置留下不合。缉合时,两端都要打倒回针加固。缉合完毕后劈缝烫平整,如图8-38所示。

2.装上袋布

将上袋布正面与前片侧缝缝份正面相对,以0.8cm缉合,缝份都倒向袋布,在袋布正面上压缉0.1cm明线。再翻到裤片正面,在袋口止口处缉缝0.5cm明线,如图8-39所示。

3.装下袋布

先将垫袋缉缝到下袋布的正面相应位置,再将下袋布正面与后片侧缝缝份正面相对,以0.8cm缉合,缝份倒向裤片,如图8-40所示。

4.合缉袋布

将上下袋布合缉一圈,注意在下袋角处尽量靠近袋角打倒针加固。袋布的毛边可以做包缝或者滚边处理,如图8-41所示。

5.封袋角

在前片正面的上下袋角处打套结,以使袋角加固,如图8-42所示。

图8-37 直插袋款式图

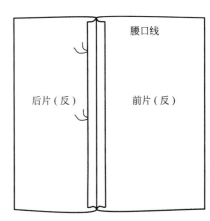

图8-38 合侧缝工序

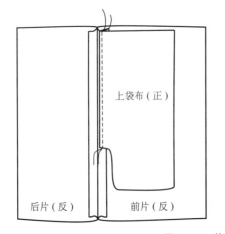
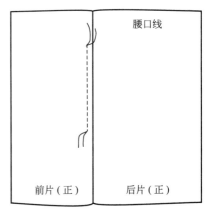

图8-39 装上袋布工序

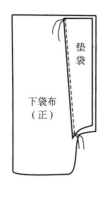
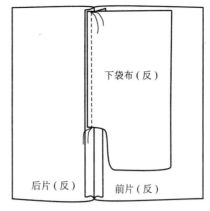

图8-40 装下袋布工序

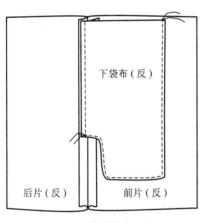

图8-41 合缉袋布工序

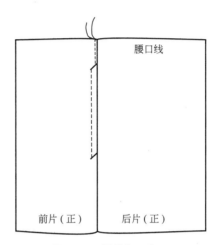

图8-42 封袋角工序

二、弧形袋口前袋的制作

弧形袋口的口袋常用于紧身裤型中,款式如图8-43所示。注意,口袋里面经常会有另一个小型的表袋。

1.表袋的制作

表袋的位置刚好在垫袋布上。如图8-44(a)所示,先将表袋上口折光扣转,沿袋口明缉0.2cm、0.8cm双止口。再将其外侧、内侧的毛边扣转,将上口对准垫袋布上表袋位置、下口对齐垫袋圆弧,沿外侧、内侧折光边压缉0.2cm、0.8cm双止口,然后沿下口圆弧边以1cm缝份合缉并锁边,如图8-44(b)所示。

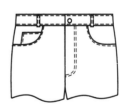

图8-43 弧形袋口口袋款式图

2.弧形袋口前袋的制作

(1)装上袋布 将上层袋布置于前裤片之上,沿袋口弧形缉缝1cm止口,两端倒针加固。注意缉

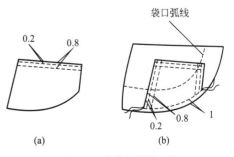

图8-44 表袋的制作工序

缝时不可将袋布口圆弧处拉伸或聚缩，以免袋口不平服。在缝份处均匀打几个剪口，间距约为0.8cm，不可将缝线剪断，如图8-45（a）所示。将上袋布折转，翻入前片内，沿袋口明缉0.2cm、0.8cm双止口，注意里外容，不要让袋布露出来，如图8-45（b）所示。

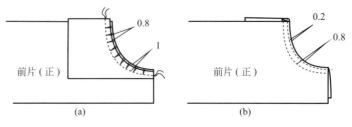

图8-45　装上袋布工序

（2）装下袋布　将已经装好表袋的垫袋布按照设计的位置固定于下袋布的正面，沿垫袋布的锁边线以0.5cm缝份缉缝，如图8-46（a）所示。再沿袋布袋底缉合袋布，将袋底锁边，如图8-46（b）所示。

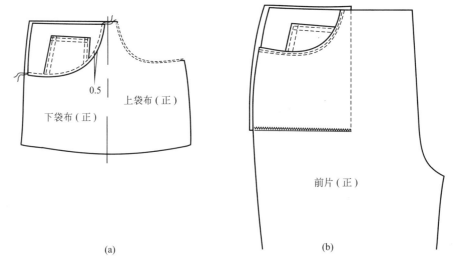

图8-46　装下袋布工序

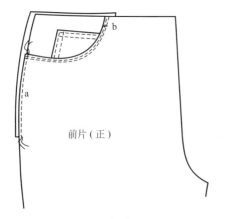

图8-47　定前袋工序

（3）定前袋　摆正前片与袋布，沿侧缝将前片与袋布车缝固定，无须倒针，即a线；在b处打套结加固，如图8-47所示。

男衬衫工艺设计与制作

　　无论是正规场合的西服还是休闲风格的外套,男衬衫都能够以其简单易穿的特性,与各种服装搭配穿用。一些传统的衬衫仍然保留着固有的结构和外观,但随着时代的进步,衬衫的款式风格等也有了非常丰富的变化。有些休闲衬衫应用了更多变的外观造型,使得衬衫越加修身合体,可满足不同年龄段男性的需求;有些衬衫中更多地使用了不同花色、质地的面料进行拼接,在外观上增强了层次感,细节部分也有了更多人性化和趣味性设计;有些衬衫则更注重自身的面料及其制作工艺,使得面料考究、工艺复杂,以迎合那些追求品位和品质生活的人们。

第一节　宽松长袖男衬衫

　　本款男衬衫可内穿也可外穿,胸围加放量为20cm左右,属于宽松类型。左前身装胸贴袋一个,前襟七粒扣,小方角翻立领,装后过肩,后片左、右裥各一个,直摆缝,平下摆,装一片袖,袖口开衩一个裥,装圆头袖克夫。其款式图和结构设计图如图9-1和图9-2所示。

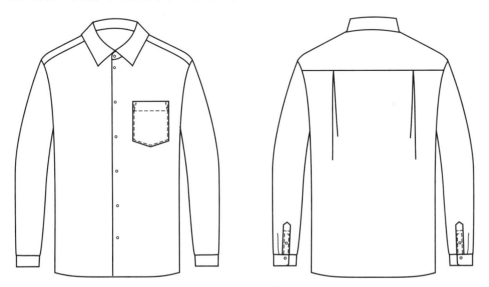

图9-1　宽松长袖男衬衫款式图

147

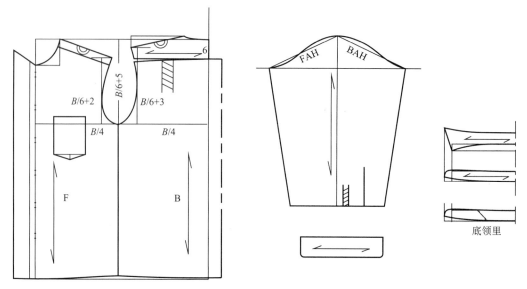

图9-2　宽松长袖男衬衫结构设计图

一、成品规格（单位：cm）

号型	部位	衣长	胸围	肩宽	领大	袖长	袖口围
170/88A	规格	72	110	46	39	60	24

二、部件裁剪

（1）面料　前片2片，后片1片，过肩2片，贴袋1片，袖片2片，袖克夫面、里各2片，宝剑头袖衩大小各2片，翻领面、里各1片，底领面、里各1片。

（2）衬料　领衬用于翻领面、底领里及袖克夫面；大小袖衩及门里襟贴边使用无纺衬。

（3）辅料　插角片2片，纽扣11粒。

三、缝制工艺流程

宽松长袖男衬衫的缝制工艺流程如图9-3所示。

四、缝制工艺

（一）做缝制标记

在以下部位打剪口或打线钉。

前片：过面宽位、胸袋位、底边贴边宽。

后片：裥位、后背中心。

袖片：对肩缝点、袖口裥位。

过肩面：后领窝中点、后背中点。

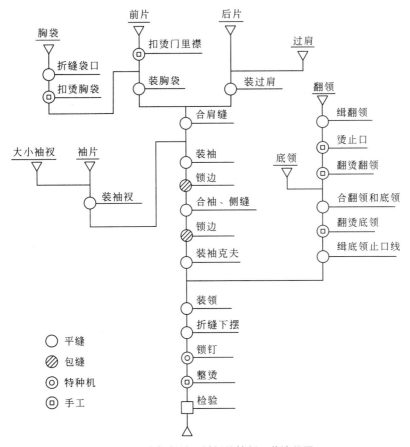

图9-3 宽松长袖男衬衫的缝制工艺流程图

底领面：上下口中点、翻领起点、对肩缝点。

（二）粘衬

按翻领、底领及袖克夫的净样裁剪专用领衬，但翻领、底领部分所用领衬宜使用斜纱方向。将领面及袖克夫面分别与黏合衬正确放置，通过粘合机将衬粘实。门里襟过面及大小袖衩粘贴无纺衬，如图9-4所示。

（三）做前片

1.扣烫门、里襟
沿止口线扣烫门、里襟的过面，这种门、里襟的过面与大身相连的形式可称为"连门襟"，如图9-5所示。

2.装胸袋
（1）折缝袋口 将袋口贴边的1cm缝份扣烫，再沿袋口净样将贴边扣烫，注意

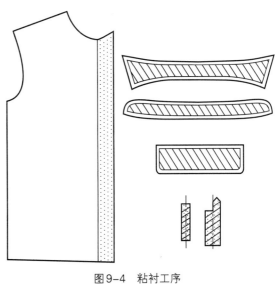

图9-4 粘衬工序

袋口要烫得平直，然后车缉0.1cm明线，如图9-6所示。

（2）扣烫胸袋　将胸袋其他三边的缝份按照净样扣烫，如图9-7所示。

（3）装胸袋　把胸袋置于左前片的正确位置，从左侧起针，封袋口为直角三角形，最宽处为0.5cm，下口尖形，长度以贴边宽为准，左右封口大小相等，其他各处为0.1cm明线。车缝时，宜把衣片稍微拉紧些，以防止衣片起皱，如图9-8所示。

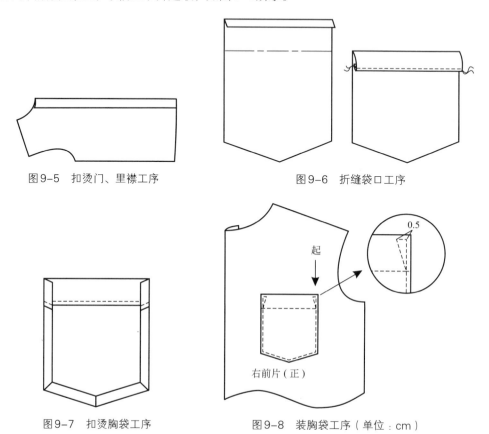

图9-5　扣烫门、里襟工序　　　　　图9-6　折缝袋口工序

图9-7　扣烫胸袋工序　　　　图9-8　装胸袋工序（单位：cm）

（四）过肩

1.装过肩

过肩里正面向上置于底层、后片正面向上置于中层，过肩面反面向上置于上层，三层平齐，以1cm缉线。注意后背中心对位点对齐，后片正面左、右按标记各向袖窿方向做褶裥一个，如图9-9所示。

2.烫过肩

将过肩面翻正、烫平，再将过肩里翻正、烫平。按照过肩面修剪领窝，并做好领窝中心标记，如图9-10所示。

3.烫过肩肩缝

将过肩面肩缝的缝份扣净，注意肩缝不要拉还，如图9-11所示。

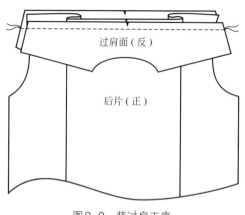

图9-9　装过肩工序

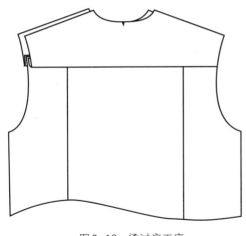

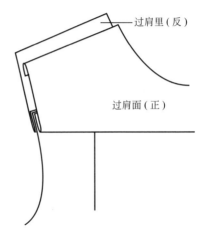

图9-10　烫过肩工序　　　　　图9-11　烫过肩肩缝工序

（五）合肩缝

1.缉肩缝

将后身置于下层，过肩里与前片的肩缝对齐，领口处取齐，车缉缝合。肩缝不可拉还，如图9-12所示。

2.压肩缝

肩缝都倒向过肩，过肩面盖过过肩缝缉线，领口平齐，压缉明线0.1cm。注意不可将过肩里缉牢，离开不能超过0.3cm，过肩面、里要平服，如图9-13所示。

此外，也可用下面的方法合肩缝。把前片置于中间层，正面与过肩面正面相对，反面与过肩里正面相对，肩缝放齐，领口处平齐，从领窝内将三层拉出，以1cm缉合，这样就形成暗缉线，在正面没有明线。

（六）做袖

1.装袖衩

在男衬衫里，经常使用的是宝剑头袖衩，其做法如下。

（1）扣烫袖衩　除底边之外，将袖衩的所有缝份扣净，并使大小袖衩的衩里比衩面都略宽出0.05～0.1cm，如图9-14所示。

（2）装小袖衩　即里襟袖衩。先按照袖衩的净长度在袖片的正确位置开剪，并在顶端向左右打斜三角形，宽度为0.5cm，再用夹缉法将小袖衩装在靠近后袖缝一侧，如图9-15所示。

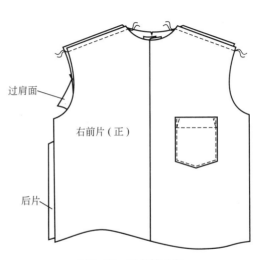

图9-12　缉肩缝工序

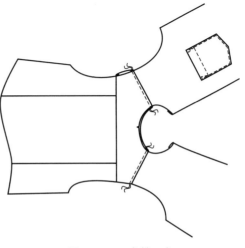

图9-13　压肩缝工序

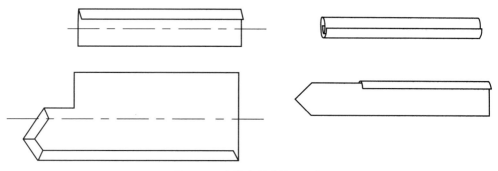

图9-14　扣烫宝剑头袖衩工序

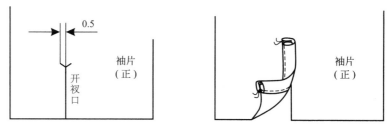

图9-15　装小袖衩工序（单位：cm）

　　（3）装大袖衩　即门襟袖衩，方法同小袖衩。将大袖衩装于另一侧，装袖衩与封袖衩由一道缝线连续完成。在反面，袖被开口顶端的三角形要向里折净，不留毛边；封袖衩的两道线在此要缉住三角形，分别为0.1cm和0.6cm两道明线，如图9-16所示。

　　2.固定袖口褶裥

　　袖口一个裥，在袖片反面将裥向后袖缝方向折叠，缉线固定，如图9-16所示。

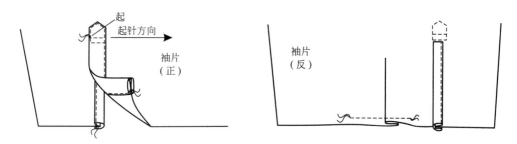

图9-16　装大袖衩工序

　　3.做袖克夫

　　（1）缉克夫面　将克夫面上口缝份折净，缉1cm明线，折边要均匀平整，如图9-17（a）所示。

　　（2）缉克夫　将袖克夫面与夹里正面相对，克夫夹里上口向上翻折，包住克夫面，然后沿克夫净样缉合外沿，两端打倒针加固，如图9-17（b）所示。

　　（3）翻烫克夫　将克夫止口修剪至0.4cm，再将克夫翻出正面，熨烫平整。注意要将止口翻足，里外容正确，两边对称，如图9-17（c）所示。

　　（4）缉克夫面线　在离克夫上口1cm的位置开始，沿克夫止口缉0.3cm明线。缉线要均匀，两端倒针加固，如图9-17（d）所示。

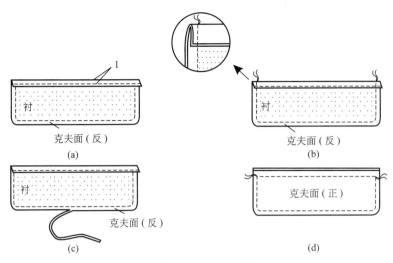

图9-17　做袖克夫工序（单位：cm）

（七）装袖

将袖子置于下层，大身放上层，正面相对，袖子与袖窿对齐，缉线1cm。袖山的吃量很小，在2cm以下，吃势分布要合理。然后双层一起锁边，如图9-18所示。

（八）合袖、侧缝

缝合袖缝与侧缝并锁边，袖窿底的十字要对正。

（九）装袖克夫

用装袖衩的夹缉法装袖克夫，将袖口缝份塞入袖克夫，两端要塞足、塞平，克夫止口缉0.1cm明线。注意，直袖衩的门襟要折转且里襟放平，而宝剑头袖衩的大小袖衩都放平。袖褶裥向后折转，袖缝也向后坐倒。最后袖克夫其余三边缉0.1cm明线，如图9-19所示。完成后的克夫里面缝线要均匀，袖缝长度、袖衩开口的大小及袖衩门里襟的长度要相等。

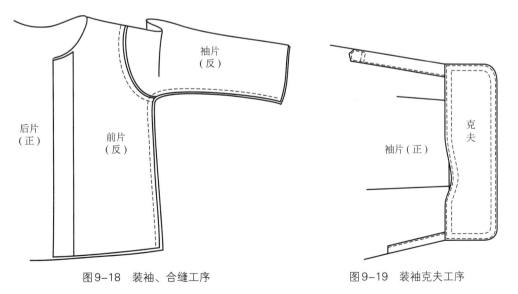

图9-18　装袖、合缝工序　　　　　图9-19　装袖克夫工序

（十）做领

1.做翻领

（1）缉翻领　翻领里放在下层，正面向上，领面正面与之叠合。沿领衬并离开领衬0.1cm缉线，缝合时必须将领里拉紧，领面略松，使其产生里外容，领角部位有里外容窝势。如果是条格面料的西服，左右领角的条格要对称，如图9-20所示。

图9-20　缉翻领工序

（2）烫止口　将缝份修剪整齐，领角处缝份保留0.2cm。将各边缝份向领衬方向折转，扣烫缝份，如图9-21所示。注意止口的里外容。

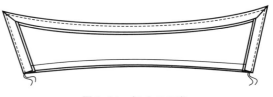

图9-21　烫止口工序

（3）翻烫翻领　将翻领翻到正面，领角处可借助于锥子将其翻足、翻尖，但注意不要损坏面料，然后将领里向上，从两头烫，烫平烫煞。注意领衬要衬足，不虚空，领里不倒吐，两领角要对称，如图9-22所示。

图9-22　翻烫翻领工序

（4）缉翻领止口明线　根据款式的变化，翻领止口明线有0.1cm和0.5cm两种宽度。为了保持领角的挺括，可先在两领角处分别斜向置入一枚插片，缉明线时即可缉牢固定。在正面缉止口明线，要将领面略向前送，防止领面起涟形，并注意止口不要反吐，如图9-23所示。

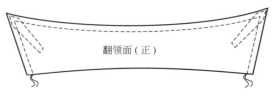

图9-23　缉翻领止口明线工序

（5）修翻领下口　将翻领下口缝份保留0.8cm，修剪整齐，然后将翻领里的缝份再剔除0.1cm，使之略短于翻领面，便于形成其窝势。在领下口中间，打剪口做出对位标记。

2. 做底领

先将底领里下口0.8cm的缝份沿领衬包转包紧并扣烫，然后正面向上，缉0.6cm明线，领上口处做好中点及装翻领位置的剪口，如图9-24所示。

图9-24　做底领工序

3. 缝合翻领和底领

将底领的面和里正面相对，在中间夹入翻领，沿底领衬边缘缉线。缉线时要将翻领的上下两层缝份摆整齐，且底领在肩缝处要略拔长一点，如图9-25所示。

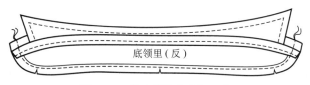

图9-25　缝合翻领和底领工序

4. 翻烫底领

先将底领两端圆头内缝份修成0.3cm，再翻到正面烫煞，止口不可反吐。

5. 缉底领上口线

将底领里向上，沿底领上口缉0.5cm明线，起落针与翻领止口明线对齐并对接。注意缉线顺直，如图9-26所示。

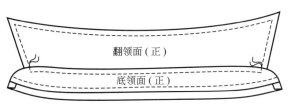

图9-26　缉底领上口线工序

6. 扣烫底领缝份

把底领面下口缝份修剪整齐，并做上中点及对肩缝剪口。然后，用底领面缝份包转底领里进行扣烫。

（十一）装领

1. 装领

底领领面下口与大身领窝对齐，且正面相叠，沿底领下口净线缉线。在领窝肩缝处略拉伸一点，其余各处平缉，注意剪口对位准确，如图9-27所示。

2. 压领

将底领里朝上，从底领上口起针缉0.1cm明线，缉线经过圆头、底领下口、右边圆头，最后收针处要与起针处重合2cm，底领上口、下口明线形成一圈封闭曲线。压缉底领下口时要注意刚好盖住第一条装领线，而底领面也要缉住0.1cm止口明线。门里襟两端要塞足、塞平，如图9-28所示。

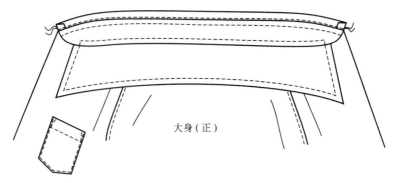

大身（正）

图9-27 装领工序

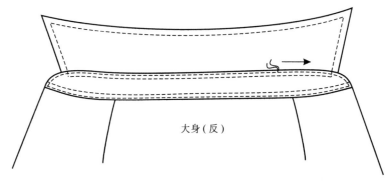

大身（反）

图9-28 压领工序

（十二）折缝下摆

① 对合门里襟，检验两者长度，门襟可长出0.2cm。

② 下摆贴边宽1.5cm，贴边内缝份0.7cm，将下摆折转，从门襟底边开始缉线0.1cm，到里襟处结束，两端以倒针加固，如图9-29所示。

图9-29 折缝下摆工序

（十三）锁钉

1. 锁眼

门襟底领处锁横扣眼一个；门襟锁直扣眼五个；袖衩门襟中位锁直扣眼一个；袖克夫门襟中间锁横扣眼一个。扣眼大小要与纽扣相符，且均为平头扣眼。

2. 钉扣

在领口、里襟、袖克夫处相对扣眼位置定出纽扣的位置，并钉扣。

（十四）整烫

首先清剪线头，再把领头熨烫平挺，留有窝势，然后把袖子烫平，在褶裥处按裥烫平，最后烫平后背及褶裥、前身门里襟及贴袋。

（十五）质量要求

① 各部位规格准确，缝线顺直，止口明线不可掉道、断线。
② 领角平挺有窝势，两角长短一致，左右对称。领面平整，止口明线宽窄一致，无涟形。
③ 门襟、里襟的装领处平直，且长短合理。
④ 装袖圆顺；袖衩平服，无裥、无毛出。两袖克夫圆头对称，宽窄一致；袖口一个裥均匀平整。
⑤ 整烫平整，无烫黄、无污渍。

第二节　修身短袖男衬衫

本款短袖男衬衫胸围加放量为12cm，属于修身款型。左前身装贴袋一个，前襟七粒扣，上端三粒明扣，扣距较小，其余为暗扣，腰节处略吸腰，装过肩，圆角立领，短袖，曲摆，各结构缝处均使用"内包缝"缝型，缝缉明线，显露休闲风格。其款式图及结构设计图如图9-30和图9-31所示。

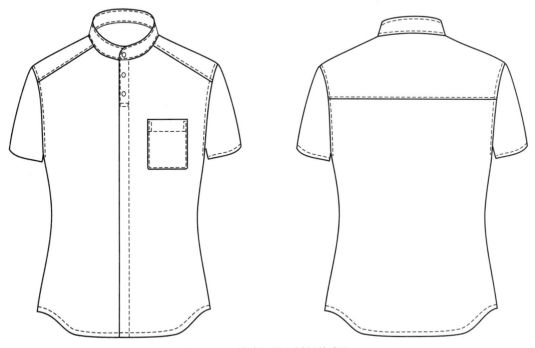

图9-30　修身短袖男衬衫款式图

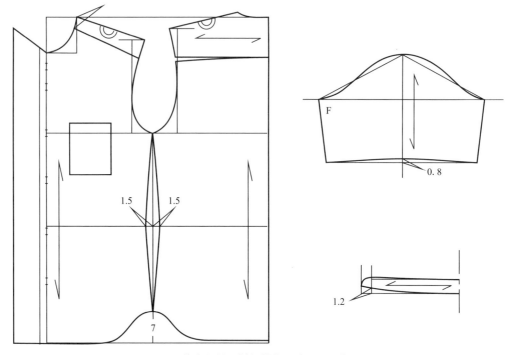

图9-31　修身短袖男衬衫结构设计图（单位：cm）

一、成品规格

号型	部位	衣长	胸围	肩宽	领大	袖长	袖口围
170/88A	规格	74cm	100cm	44cm	39cm	24cm	38cm

二、部件裁剪

（1）面料　前片2片，后片1片，过肩1片，贴袋1片，袖片2片，立领面、里各1片。

（2）衬料　立领面使用领衬，门里襟使用无纺衬。

（3）辅料　纽扣7粒。

三、缝制工艺流程

修身短袖男衬衫的缝制工艺流程如图9-32所示。

四、缝制工艺

（一）做缝制标记

在以下部位打剪口或打线钉。

前片：前中心位、过面宽位、胸袋位、下摆贴边宽、扣眼位。

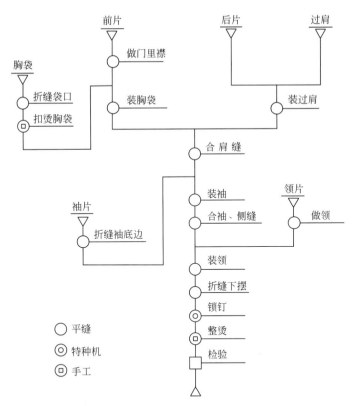

图9-32　修身短袖男衬衫的缝制工艺流程

后片：裥位、后背中心。
袖片：对肩缝点。
过肩：后领窝中点、后背中点。
领片：上下口中点、对肩缝点。

（二）粘衬

按立领的净样裁剪专用领衬，且使用斜丝方向，将立领面粘贴领衬，门里襟过面粘贴无纺衬，粘衬的方法同"男衬衫缝制工艺"。

（三）做前身

1.做门襟

（1）扣烫门襟　本款式门襟为双层，第三粒扣以卜做成暗门襟。将门襟的过面部分连续折叠扣烫，过面最后的缝份要包转其折转的内部边缘，如图9-33（a）所示。注意双层门襟的止口都要扣烫平整顺直，不可拉还，且内层门襟的止口要窄于外层门襟的止口0.05cm，切不可反超。

（2）固定门襟　放置前片，在第四、第五粒扣中间位置车缝固定两层面料，缝线宽度不可超过襟止口线的位置；在第二粒扣以下2cm位置车缝固定两层面料，并继续沿门襟止口线车缝至领窝处；以同样方法在第六粒扣以下5cm位置车缝固定并沿门襟止口线车缝至下摆处，如图9-33（b）所示。

（3）缉门襟明线　将左前片反面朝上放置，把门襟过面摆放平整，缝份包转过面内部边缘，以0.2cm缉线车缝。车缝前缝纫线要事先调整，面线调得略紧，使车缝后显露在正面的线迹比较美观，如图9-33（c）所示。

把左前片翻过来，正面朝上，从领窝开始，沿止口向下以0.15cm的明线缉缝，到第二粒扣下方2cm，连续转90°车缝两道相距0.5cm的明线，以倒回针结束，两道明线长度要与前一道门襟明线垂直，如图9-33（d）所示。

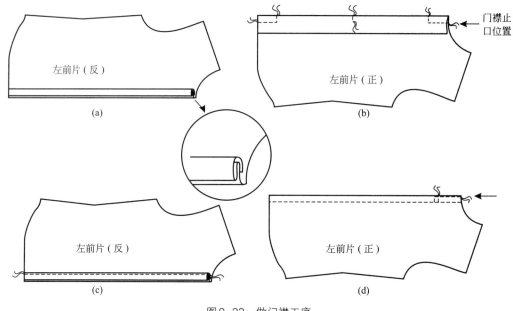

图9-33 做门襟工序

2.做里襟

（1）扣烫里襟 将里襟过面连续折转，扣烫止口及折边缝份，如图9-34所示。

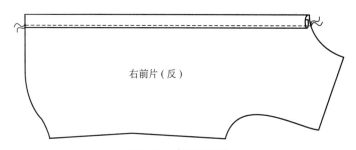

图9-34 做里襟工序

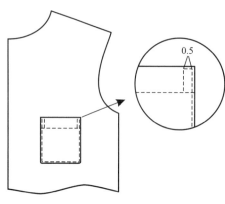

图9-35 装胸袋工序（单位：cm）

（2）缉里襟明线 将右前片反面向上，面线调得略紧些，沿过面折边以0.1cm缉明线。

3.装胸袋

方法同"男衬衫缝制工艺"，如图9-35所示。封袋口处也可应用"U"形平行线。

（四）装过肩

这里先介绍"内包缝"的缝制方法。将缝料的正面相对叠放，在反面按包缝宽度做成包缝，缉线时注意正好缉在包缝的宽度边缘。再翻到正面，压缉明线，注意明线必须同时缝合到下层的包缝，如

图9-36所示。包缝的宽窄就是以这道明线的宽度为依据,常用宽度有0.4cm、0.6cm、0.8cm、1.2cm等。"内包缝"的特点是在正面可看见一根面线,反面可看见两根底线,常用于肩缝、侧缝、袖缝等部位。

本款使用单层过肩。将过肩与后片正面相对叠放,用后片包转过肩,按包缝宽度0.6cm做成包缝,注意在后背中间做一个对折明裥,如图9-37(a)所示。再翻到正面,在过肩上压缉0.6cm明线,注意明线必须同时缝合到下层的后片包缝,如图9-37(b)所示。

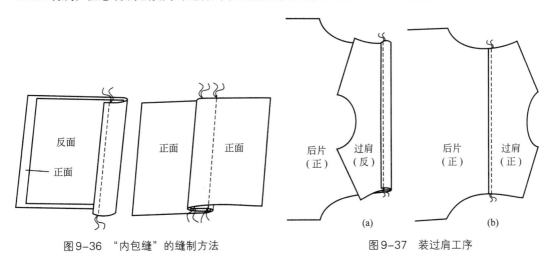

图9-36 "内包缝"的缝制方法　　　　图9-37 装过肩工序

(五)合肩缝

将过肩与前片正面相对叠放,用前肩包转过肩,按包缝宽度0.6cm做成包缝,如图9-38(a)所示。翻到正面,在过肩上压缉0.6cm明线,如图9-38(b)所示。

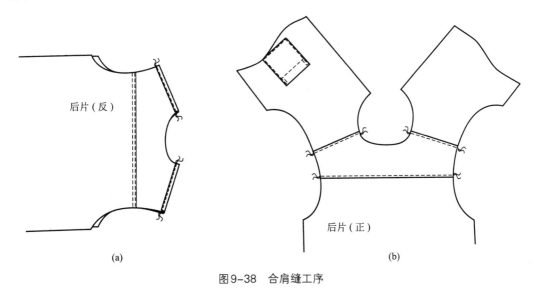

图9-38 合肩缝工序

(六)折缝袖底边

袖底边贴边宽2cm,贴边内缝份0.7cm,将底边折转,以0.1cm缉线折缝。

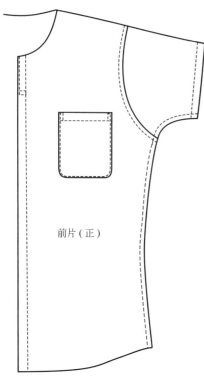

前片（正）

图9-39　合袖、侧缝工序

（七）装袖

用袖山缝份包转袖窿做内包缝，在衣身正面袖窿处压缉0.8cm明线。平缉装袖，袖山没有吃量，这种结构属于"肩压袖"，装袖后袖山处要平服，没有明显的立体形态。

（八）合袖、侧缝

用后袖缝和后侧缝缝份分别包转前袖缝和前侧缝做内包缝，在正面的前袖缝和前侧缝处压缉0.6cm明线。袖窿底的十字要对正，如图9-39所示。

（九）做领

1.扣烫领面下口

将领面下口的缝份沿领衬扣烫，如图9-40所示。

2.缉领

立领里放在下层，正面向上，领面正面与之叠合。沿领衬并离开领衬0.1cm缉线，缝合时必须将领里拉紧，领面相对略松，使其产生里外容。左右领角的丝缕要对称，如图9-41所示。

3.烫止口

将缝份修剪整齐，圆角处保留缝份0.2cm，将领上口缝份向领衬方向折转，扣烫缝份，如图9-42所示。注意止口的里外容。

4.翻烫领子

将领子翻到正面，圆角处要翻足，曲线流畅。然后将领里向上，烫平烫煞，注意领衬要衬足，领里不倒吐，两领角完全对称，如图9-43所示。再把领里的下口缝份修剪整齐、用领里缝份包转领面进行扣烫。

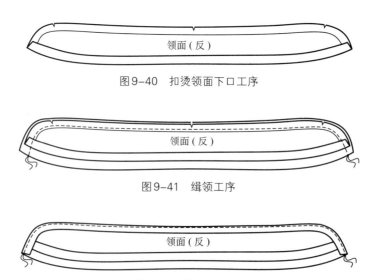

领面（反）

图9-40　扣烫领面下口工序

领面（反）

图9-41　缉领工序

领面（反）

图9-42　烫止口工序

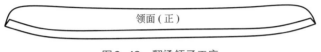

图9-43　翻烫领子工序

（十）装领和压领

1.装领

领里下口与大身领窝对齐，且领里正面与大身反面相叠，沿领里下口净线缉线，如图9-44所示。

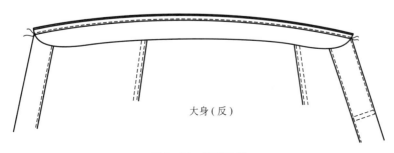

图9-44　装领工序

2.压领

将领面朝上，从领面下口后中点起针缉0.1cm明线，缉线经过右领角、领面上口、左领角，最终起落针重合2cm，领面上形成一圈封闭的明线。压缉领下口时要注意刚好盖住装领缉线，门里襟两端塞足、塞平，如图9-45所示。

图9-45　压缉领下口工序

（十一）折缝下摆

对合门里襟，检验两者长度，门襟可长出0.2cm。再折缝下摆，贴边宽0.5cm，内缝份0.4cm。由于下摆是曲线形状，故其贴边宽度较小，使折缝后平整无打绺现象，如图9-46所示。

图9-46　折缝下摆工序

（十二）锁钉

门襟领口处锁横向扣眼一个；门襟上第一、第二个扣眼锁直向扣眼；第三至第六个扣眼在内层门襟上锁直向扣眼。扣眼大小要与纽扣相符，且均为平头扣眼。

（十三）整烫

方法同"男衬衫制作工艺"。

（十四）质量要求

① 各部位明线宽度一致，无掉道、无涟形。
② 其他要求同"男衬衫制作工艺"。

第三节　拓展环节

一、"明门襟"的制作

男衬衫的门襟，除常用的"连门襟""暗门襟"外，还有一种做法——"明门襟"。这种门襟的外观看起来更活泼一些，也更适合休闲或年轻的风格。在大身正面的搭门处再缉缝一条面料，有时这条面料可以换成其他材质或图案的面料；正面再压缉两道明线做装饰缝，制作方法如图9-47所示。

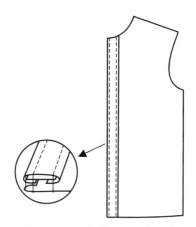

图9-47　"明门襟"的制作方法

明门襟对应的里襟制作方法，与修身短袖男衬衫的里襟做法相同。

二、直袖衩的制作

在正装的男衬衫中必须应用"宝剑头"袖衩，而直袖衩的应用更随意一些。其制作方法如下。

（1）扣烫直袖衩　将袖衩一侧的缝份扣净，再用另一侧的缝份将其包住扣烫。这样使衩里比衩面宽出0.05 ~ 0.1cm，如图9-48所示。

图9-48 扣烫直袖衩工序

（2）装直袖衩 将袖片袖衩口夹进袖衩，在正面压缉0.1cm明线，如图9-49所示。

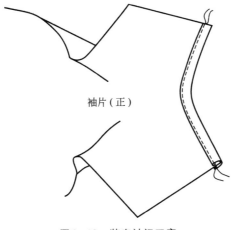

袖片（正）

图9-49 装直袖衩工序

（3）封直袖衩 将大袖片的门襟袖衩向里折转放平，在离袖衩转弯处0.8～1cm处，用明线缉来回针3～4道。封袖衩线的宽度不可超过袖衩宽，如图9-50所示。

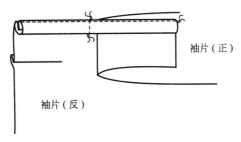

袖片（正）

袖片（反）

图9-50 封直袖衩工序

第十章

男西服工艺设计与制作

西服是男士的标准服装。目前，市场上流行的西装大多分为三类：正式西装、休闲西装、商务西装等。传统意义上的西装属于礼仪服装，属半紧身型，我国的西装受"宽襟博袖"服饰文化的影响，比较宽松。休闲西装以开发实用功能为主。近年来，商务西装发展很快，这类服装介于正式和休闲之间，又隐隐带着"猎装"的风格，功能上更为全面、细致，与正规西装相比，更灵活、多变，更有设计点，还适应办公以外的场所。

第一节　平驳头男西服

本款男西服胸围加放量为20cm，属宽松型，平驳头，单排两粒扣，圆下摆，左右双嵌线大袋（带袋盖）各一，左胸一只手巾袋，后背开背缝，底摆开摆衩，圆装两片袖，袖口开袖衩，钉四粒装饰扣。其款式如图10-1所示，其结构设计图如图10-2所示。

图10-1　平驳头男西服款式图

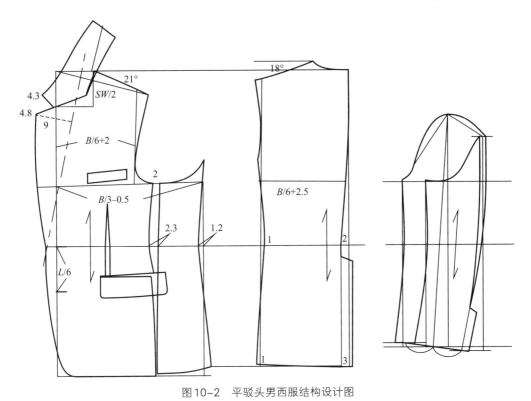

图10-2　平驳头男西服结构设计图

一、成品规格

号型	部位	衣长	胸围	肩宽	袖长	袖口
175/92A	规格	76cm	112cm	46cm	61cm	15cm

二、部件裁剪

（1）面料　前衣片2片，后衣片2片，马面2片，大袖2片，小袖2片，挂面2片，领面1片，袋盖2片，大袋嵌线2片，手巾袋爿1片，手巾袋垫袋布1片，耳朵片1片。

（2）里料　前片夹里2片，后片夹里2片，马面夹里2片，大袖夹里2片，小袖夹里2片，里袋三角1片，里袋滚条1片，笔袋嵌线1片，烟袋嵌线1片，里袋布，烟袋布，笔袋布。

（3）衬料　前衣片、挂面、马面、领面、后衣片底摆贴边、大小袖片袖口折边、袖衩位、手巾袋、袋爿均粘薄型有纺衬，里袋、烟袋、笔袋、嵌线、三角粘无纺衬。

（4）辅料　牵带，垫肩，领底呢，兜布，毛鬃，拉绒，缝纫用线，纽扣等。

三、缝制工艺流程

平驳头男西服的缝制工艺流程如图10-3所示。

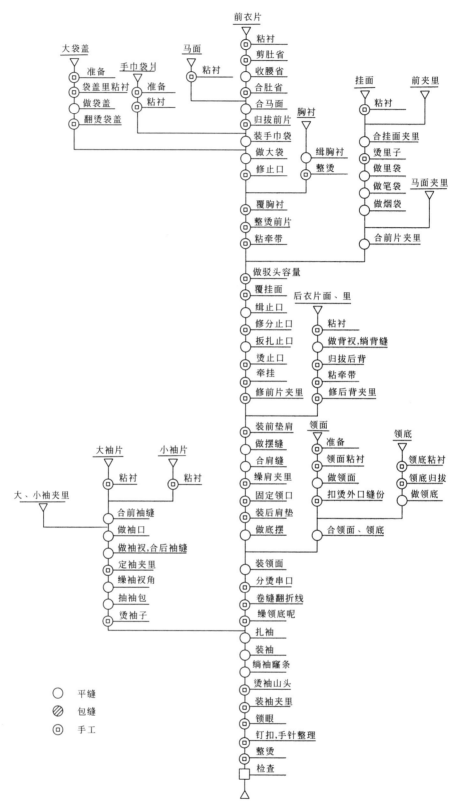

图10-3　平驳头男西服缝制工艺流程图

四、缝制工艺

（一）做缝制标记

在以下部位打剪口或打线钉。

前片：驳口线、省位线、扣位、腰节线、底边线、手巾袋位、大袋位、装袖点、装领点。

后片：背缝线、腰节线、底边线、装袖点。

袖片：袖山中点、偏袖线、袖肘线、袖衩线、袖口折边。

领片：后领中点、肩缝点。

（二）粘衬

前片、挂面、马面毛裁净粘；后片底摆折边，大小袖口折边粘4cm宽牵条，摆衩牵条宽2cm，均使用粘合机完成，如图10-4所示。

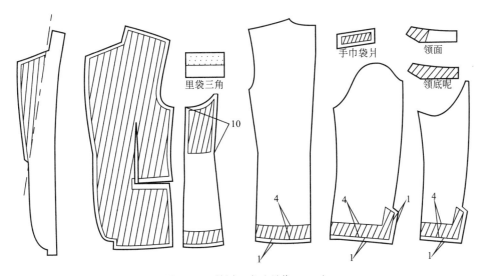

图10-4 粘衬工序（单位：cm）

（三）裁胸衬、做胸衬

1.挺胸衬裁配

挺胸衬由毛鬃（2层）、托肩（毛鬃）和拉绒组成。裁配均在毛份上进行。毛鬃、拉绒裁剪相同，裁配如图10-5（a）所示，托肩裁配如图10-5（b）所示。

2.纳胸衬

毛鬃肩线处开剪口，下垫衬条将其缉合，托肩衬上的剪口要错开1~1.5cm，拼合后直接缉缝，腰省剪开后直接拼缝缉合，如图10-6（a）所示。拉绒上不开剪，将毛鬃、托肩、拉绒三层按之字形线迹车缝固定，间距3cm左右，如图10-6（b）所示。

（四）收省、合马面

1.剪肚省

将前片底边按折边线重新量出大袋位，剪掉肚省0.5cm，剪到出胸省1cm处止，如图10-7所示。

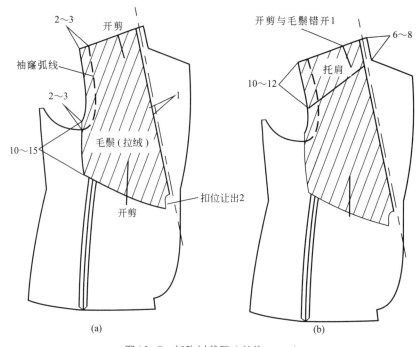

图10-5 挺胸衬裁配（单位：cm）

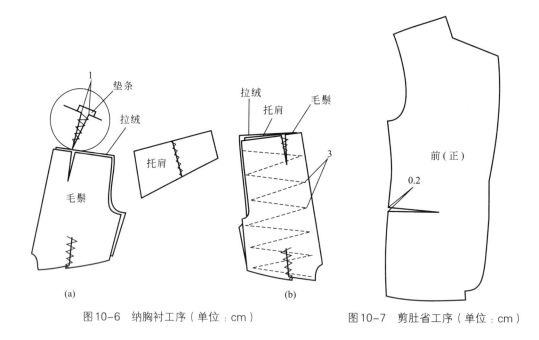

图10-6 纳胸衬工序（单位：cm）　　　　图10-7 剪肚省工序（单位：cm）

2.缉胸省

　　将前衣片正面向上，沿胸省中线对折，从腰节线以上1cm处垫一块2cm宽的本料，露出0.7cm，缉缝胸省如图10-8（a）所示。缝时腰节袋口处倒回针，省尖位距垫布1cm处回针，以免胸省不平服，腰节线以下缝份剪开，分缝烫平，省尖内插入手针压烫平整，缝份用1.5cm宽斜牵带粘合封住，如图10-8（b）所示。

3. 合肚省

将大袋位搭合并拢无空隙，用手针攥住，在大袋位处粘无纺衬，马面的相应位置也粘上无纺衬，以免开袋毛漏，如图10-9所示。按前片线钉重新画好大袋位，左右大袋高低相同、进出一致。

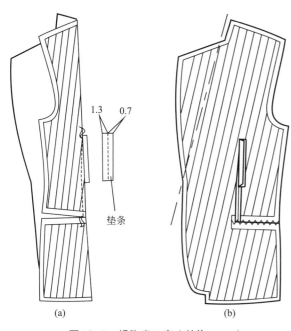

图10-8　缉胸省工序（单位：cm）

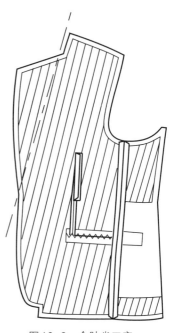

图10-9　合肚省工序

4. 合马面

马面与前片正面相对，沿边对齐，对准腰节线钉，缝份1cm，前片袖窿下10cm处略吃进0.3cm左右松量，满足胸部胖势需要，袋口下丝绺顺直。缝份劈开烫平，腰节处略拔开。

（五）归拔

粘衬使西服挺括，运用推、归拔等熨烫工艺，能使平面衣片符合人体形状，满足造型需要。衣片归拔时，在归拔的重点部位要打几个剪口，但不宜过深。归拔时，对称衣片要正面相对平放，喷水归拔。归拔后将衣片静置1h左右，有些线条不顺畅的地方要修顺。需归拔的衣片及归拔部位，如图10-10所示。

（六）做手巾袋

1. 扣袋牙

手巾袋牙内粘净有纺衬，先用熨斗将粘衬压实，如图10-11（a）所示。再按袋口净线先扣两侧缝份，再扣烫上口，剪去三角将上口烫直拼上小袋布，如图10-11（b）所示。

2. 缉袋牙

垫袋布反面向上，袋牙按手巾袋线钉标记放好，两端回针缉牢。垫袋布反面向上，距袋位线上1.2cm处缉直线，缉线时

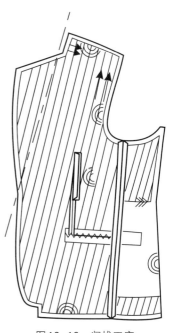

图10-10　归拔工序

两端各缩进两针，以防开袋毛漏，如图10-12所示。

3.开三角、翻烫袋口线

在两道缝线中间开剪口，两边剩余1cm剪成三角，袋布翻进衣片反面，袋片与面料、垫袋与面料均劈缝熨烫。

4.固定袋口止口

用暗线缉缝小袋布止口和衣身止口，如图10-13（a）所示。将大袋布粘在垫袋布上，缉0.1cm明线将袋口线固定，如图10-13（b）所示。缉时三角放平，两端回针。

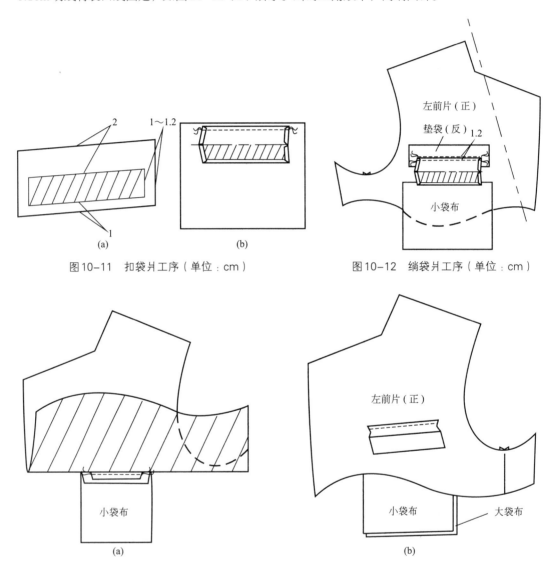

图10-11　扣袋片工序（单位：cm）　　　　图10-12　绱袋片工序（单位：cm）

图10-13　固定袋口止口工序

5.定垫袋下口

垫袋下口锁边或扣倒缉0.1cm明线，将其与大袋布固定。

6.封袋布

前衣片掀起，袋布底边缉缝1cm止口。止口要均匀，起止回针，袋布沿边锁边，四个角用无纺衬粘合定到衣身反面，如图10-14所示。

7.缉袋角明线

将袋布袋口放平，沿边缉缝0.1cm、0.6cm双止口，三角毛边要封牢，如图10-15所示。

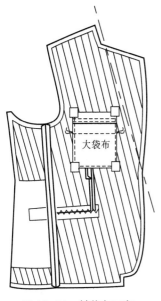

图10-14　封装布工序

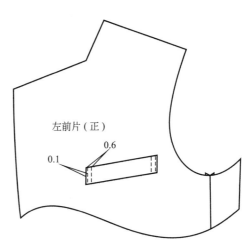

图10-15　缉袋角明线工序（单位：cm）

（七）做大袋

1.做袋盖

为保持大袋服帖，袋盖面不粘衬，袋盖里选斜丝里，在反面刷上薄浆晾干备用，袋盖面外口多出大约0.2cm作为里外容，如图10-16（a）所示。将面、里上口平齐，沿上口约1/3处扎线一道，将其正面相对固定，如图10-16（b）所示。先在袋盖面反面画出净样，各边取齐后用手针沿净样线里0.1cm缝线扎好，如图10-16（c）所示。将袋盖里放在下层按净样缉线，完全符合后拆掉缝线，如图10-16(d)所示。里子缝份留0.4cm，圆角留0.2cm，面子留0.5～0.6cm，如图10-16（e）所示。用里子压住净线0.1cm先在反面压烫，翻至正面，将袋盖烫平、烫薄，面子大于里子0.2cm，如图10-16（f）所示。最后画出袋盖的宽度，如图10-16（g）所示。

2.做嵌线

嵌线两端比袋盖各长出1cm，宽度为6cm，里口粘薄型有纺衬，如图10-17（a）所示。将其扣烫成2cm宽，袋盖放平于上嵌线上，沿边缉缝0.5cm，如图10-17（b）所示。

3.绱袋盖与大袋嵌线

嵌线中线与大袋位对准，两端与线钉重合，上层袋布粘在背面，缉缝上、下嵌线0.5cm，两道线起止回针封牢，上下平行，间距1cm，如图10-18（a）所示。将袋位线剪开，两端剪成三角，然后翻到反面劈烫止口，并熨烫上、下嵌线，使之整齐、服帖，如图10-18（b）所示，嵌线宽度各为0.5cm，上下宽窄均匀，如图10-18（c）所示。

4.封门字线迹

先在下层袋布上缉上垫袋，如图10-19（a）所示。用门字封线固定上嵌线止口与两侧三角，三角缉缝三四道，紧贴袋口边缘，如图10-19（b）所示。

5.缝合袋布

掀起底边，以1cm止口缝合袋布并锁边，四角粘无纺衬固定于衣身反面。

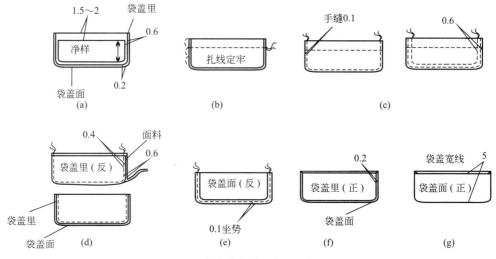

图10-16 做大袋袋盖工序（单位：cm）

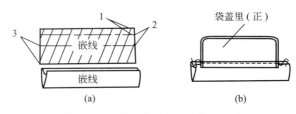

图10-17 做嵌线工序（单位：cm）

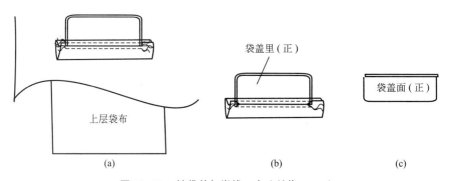

图10-18 绱袋盖与嵌线工序（单位：cm）

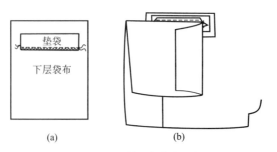

图10-19 封门字线迹工序

（八）修止口

衣片经缝制和归拔工艺后，有一定的收缩和变形，先校正衣长、胸宽、背宽等尺寸，如有不足，可通过调整贴边宽窄和缝份进行修正。再用净样板校正驳头、止口、圆角净缝，将左右片相对，按修好的一片校正另一片，使两片完全相符。

（九）覆胸衬

1. 烫衬

先对胸衬略加熨烫，烫出胸部胖势、肩部凹势，在胸衬一侧粘2cm宽直丝牵带，并缭线同定。另一侧盖过驳口线0.5cm，如图10-20所示。

2. 覆衬

将挺胸衬放在前衣片的反面，垫胸衬朝上（拉绒朝里子，毛鬃贴紧面料）按位置放好，胸衬的驳口牵带粘在驳头上，用三角针固定，粘时略拉紧，胸衬与衣片的覆合用白棉线大针假缝固定，用手轻托在衣片下（或下垫一软垫）使胸衬与衣片紧密贴合，形成胸部胖势，共假缝三道缝线，如图10-21所示。

第一道线：看胸衬缝，从肩缝下10cm，距驳口线2.5cm处开始，绷缝第一道线，肩部不缝留出垫肩量。

第二道线：看面料缝，从胸中部开始绷缝，距驳口净线10cm左右开始，留出肩部不缝。

第三道线：看面料缝，比面料多出的胸衬净去，肩头、领口处胸衬与衣片看齐，袖窿处胸衬多留出4cm。

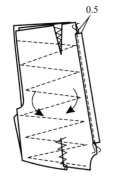

图10-20　烫衬工序（单位：cm）

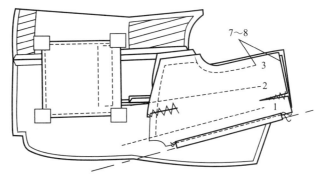

图10-21　覆衬工序（单位：cm）

3. 熨烫前衣片

前衣片正面向上，先烫肩部，再推烫胸部和止口，左、右片同时进行，成型后胸衬与前衣片饱满服帖，止口丝绺顺直。

（十）做前片夹里，开里袋

1. 画挂面止口

用挂面样板明确门襟止口、翻领与驳领位等，确保圆下摆的正确形状和翻领的位置。

2. 合缭挂面夹里

先拼缝耳朵片，收好胸省、腋下省。拼缝后保持原来长度不变，如图10-22（a）所示。再将耳朵片上、下缝份部分缝烫平服，将挂面外口略加归拔，其弯势与驳头外口吻合，与里子拼缝，底边留出4cm不缝，缝份倒向夹里，在反面里怀袋处粘上无纺衬，如图10-22（b）所示。

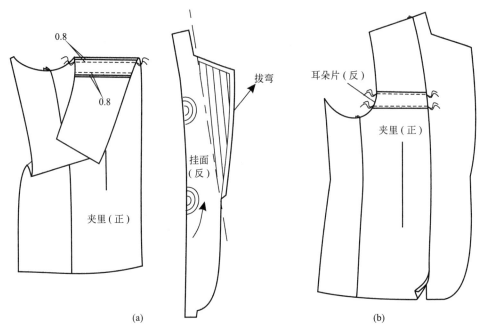

图10-22　合缉挂面夹里工序（单位：cm）

3.做三角袋盖（图10-23）

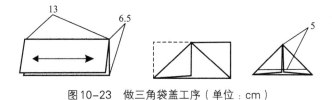

图10-23　做三角袋盖工序（单位：cm）

4.滚嵌里袋

耳朵片正面中间放上袋口滚条，两端缉成三角形，间隔0.6cm，沿中线剪开，剪至离缉线一两根丝，并将两端长出的滚条开剪至留两根丝，如图10-24（a）所示。把下口滚条按三角斜势两端折转，翻转，包足，在滚条上缉缝0.1cm止口，上、下滚条宽窄一致，如图10-24（b）所示。将滚条下的上层袋布一起缉牢，如图10-24（c）所示。上滚条同样折转包足，下面放好下层袋布，缉上止口0.1cm与下层袋布缉牢，如图10-24（d）所示。在离袋角0.5cm处来回缉线，封牢袋口，并在左衣片里袋中间钉上三角袋盖，最后在兜布上合缉上、下层袋布，如图10-24（e）所示。

（十一）做烟袋和笔袋

烟袋和笔袋位于左前片夹里位置上，如图10-25所示。方法参考里袋及双嵌线袋，然后合缉马面夹里，缝份倒向侧缝。

（十二）做止口

1.粘牵袋

按样板画出左、右片的驳头止口线，注意直弧线的位置。沿净样粘牵带，使止口里松外紧，驳头翻驳自然窝服，如图10-26所示。

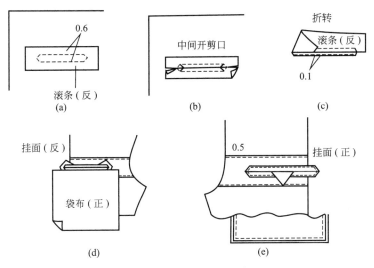

图10-24　滚嵌里袋工序（单位：cm）

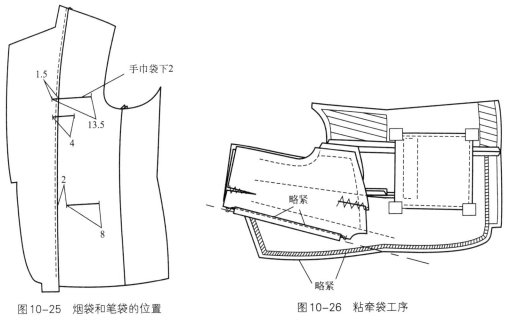

图10-25　烟袋和笔袋的位置　　　　　图10-26　粘牵袋工序

2.烫前身

可由里而外，由上而下进行。肩部要烫出胖势，胸部、大袋放在布馒头上，熨烫圆顺、饱满，拔开腰节。胸省顺直，袋盖与底边窝服，驳头按线钉折转熨烫，注意左右对称、整体平服。

3.覆挂面

前衣片与挂面正面相对，胸衬放上层。

（1）做驳头容量　将上、下层驳口线对准，沿净线扎线定住。挂面与衣片的驳头放缝不同，作为里外容量，如图10-27所示。沿边对齐，攘线0.5cm，将上下层扎牢定住。

（2）缉止口　从装领处线钉起针，第一粒扣位以上按止口画线缝，以下让出0.15cm缉线，缉至挂面横头处，如图10-28所示。

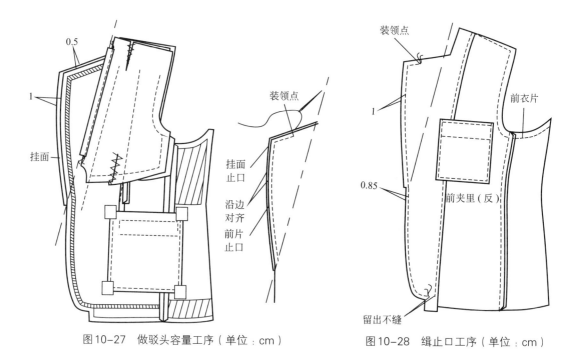

图10-27 做驳头容量工序（单位：cm）

图10-28 缉止口工序（单位：cm）

4.扳止口

先修止口缝份，前衣片留0.6cm，挂面留0.8cm，圆头处略小，净出层势，然后将缝份扳向衣身（挂面包身），用斜针定线扎牢，扳时扣位以上按缝线扳止口，扣位以下让挂面出来0.15cm扳住，将止口放在烫台上，盖上湿布，烫平烫煞。

5.定扎止口

拆掉驳口线处缝线，翻到正面，熨烫定型，止口熨烫平薄，摆角窝势圆顺，左、右片长短一致，圆势相符。再将挂面驳头处横丝捋平，拆掉驳口线，在驳口线扎线卷缝，如图10-29所示。沿挂面、里子拼缝内侧定线扎牢，肩头留出不缝。

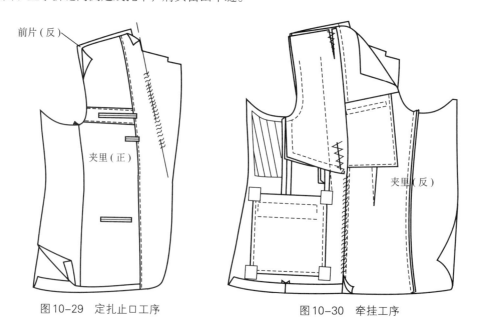

图10-29 定扎止口工序

图10-30 牵挂工序

6. 牵挂

掀起里子，将挂面与夹里的拼缝与胸衬、黏合衬滴牢，如图10-30所示。腰省的上段缝份与胸衬滴牢。

7. 修夹里

将夹里正面向上，捋顺面、里料，将面、里定牢。然后，按面料修去多余的里子。

（十三）做后背

1. 合后背缝

按线钉画顺背缝线，对准线钉标记位置，先扎后缉，缝份2cm，里襟格摆衩沿边扣净。如图10-31所示。摆衩以上缝份劈开烫平，以下倒向左片，熨烫平服。

2. 归拔后背，粘牵带

（1）归拔后背　后背归拔的重点是凸起的肩胛骨，"S"形背弓，斜形肩部，先向衣片喷水，右手用熨斗从上口压住面料，左手用力拔伸肩胛部位，向下烫至腰节处，将中腰部位拔出，松势略归平。袖窿及腋下略归，摆缝处归烫顺直，臀凸处推进归烫，背中胖势向里推进，归拢烫平。肩部直丝向上拔出翘势，肩线向里略进，与后肩形状相符，最后将背缝分开，喷水烫平。熨烫时腰节略向外拔，背缝胖势推向肩胛骨，回势归掉，注意将背缝烫顺烫平，如图10-32（a）所示。

（2）粘牵带　为防止领口、袖窿拉伸变形，粘上直向牵带，粘时略拉紧，如图10-32（b）所示。

3. 缉夹里背缝定夹里

把左、右后片夹里正面相对，沿边缉缝，背中处夹里可做褶裥，作为后背活动松量，一直缉至背衩处，如图10-33（a）所示。缝好里子后将前、后衣片翻出，夹里正面向上，使夹里背缝倒向左片，略放层势与后衣片扎线定牢，右片夹里下口与后片右衩定牢，如图10-33（b）所示。

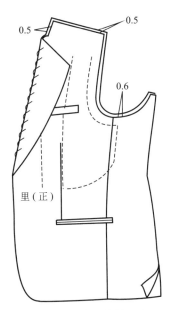

图10-31　合后背缝工序

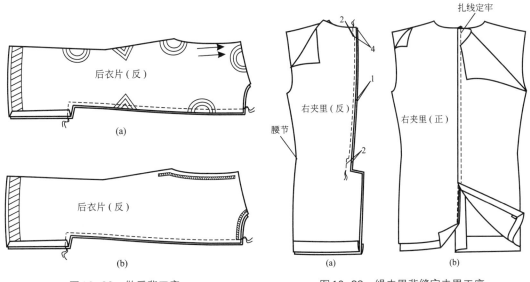

图10-32　做后背工序　　　　图10-33　缉夹里背缝定夹里工序

4.净定左片夹里做后背衩

按照摆衩净线放好缝份,将多余的左片夹里修掉。扎线定牢,将夹里熨烫平服,按夹里上折痕分别与左、右后背缉缝,如图10-34所示。

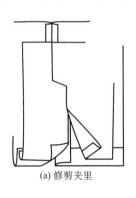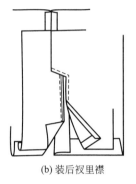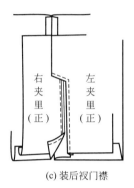

(a) 修剪夹里　　　　　　　(b) 装后衩里襟　　　　　　　(c) 装后衩门襟

图10-34　做后背衩工序

5.修夹里

后背面、夹里反面相对,领口对齐,背缝对准,按后背修夹里,使夹里与面料侧缝平齐,袖窿多出0.6cm,底摆在净线下1.5cm,其余的里子均修掉。

(十四)装垫肩

对折垫肩,其中点对准毛鬃肩缝(即前衣片毛样肩线),袖窿处让出毛鬃0.5cm,拉开衣片,沿袖窿边垫肩缝在胸衬上,再沿肩线将垫肩与里子固定,如图10-35所示。

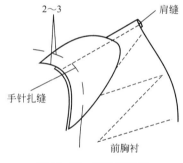

图10-35　装垫肩工序

(十五)合侧缝

1.合缉侧缝

前后侧缝正面相对,按线钉对齐,缉缝时手略推送,腰节处保留归势,缉线顺直,同时做好夹里。

2.烫侧缝

夹里缝份向后片扣倒烫顺,面料劈缝熨烫,熨斗自上而下,防止分还。

(十六)合肩缝

1.合肩缝

前后肩缝正面相对,后片在下,合肩缝时,后片中段归进0.8cm缝线顺直不弯曲,起止回针。缝份分开,顺着弧度劈缝熨烫。

2.定衣身肩部

将衣服肩部放在铁凳上,从胸部向肩部推平,在衣片正面用大三角针穿透里料,将肩部固定,后身袖窿处用倒钩针固定,如图10-36所示。

3.缲肩夹里

胸衬与后肩毛缝放齐,多余修掉,后肩夹里扣烫1cm,与前肩夹里手针缲牢,如图10-37所示。

4.固定领口

距边0.6~0.7cm,用倒针将领口固定,再用大针码将面、里后领缝份定在一起。

5.缝后垫肩

后片垫肩与夹里袖窿在缝份内缝线固定，顺应垫肩的弧度，不松不紧，并将袖窿处夹里、垫肩用大线扎牢，如图10-38所示。

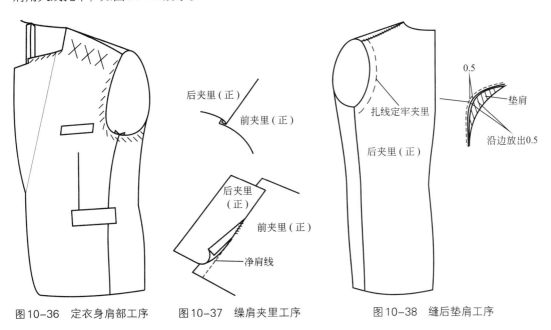

图10-36　定衣身肩部工序　　图10-37　缲肩夹里工序　　图10-38　缝后垫肩工序

（十七）做底摆

1.扎缝底摆

按线钉扣折前、后片下摆，将里子下摆距衣片底摆净线1.5cm折转，扎线定牢，如图10-39所示。

图10-39　扎缝底摆工序

2.缲缝底摆

从离右挂面1cm处起针，沿边缉缝1cm，缝至左片相同位置，并将缝份用三角针扳住，如图10-40所示。翻到正面烫平、烫薄。

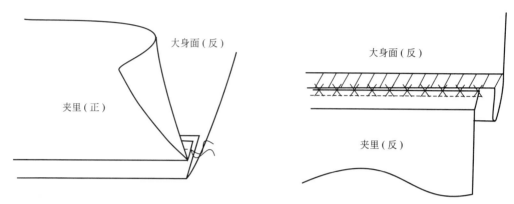

图10-40 缲缝底摆工序

（十八）做领

1.做领底

领底使用正斜方向领底呢，反面粘上净有纺衬，也为正斜方向，以满足造型需要。先按净领样修剪止口，串口线留1.5cm缝份，领下口留0.5cm，领头净样缩进0.2cm，领外口弧线缩进0.2cm，如图10-41（a）所示。沿翻折线缉明线，将面、衬缉住，做出领座高，如图10-41（b）所示。为防止领底呢变形及装领方便，将领底呢翻折线以上间距2.5cm缉三角形，以下缉0.8cm宽明线。

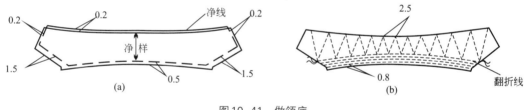

图10-41 做领底

2.做领面

（1）挖领角 挖领角可以解决领子内部多余的量，使领子经过简单的归拔便能服帖于人体颈部，挖领角方法参见第七章"实例分析"部分。

（2）领面粘衬 翻领和领角均为横料，均粘斜向有纺衬，位置如图10-42所示。

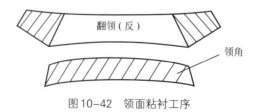

图10-42 领面粘衬工序

（3）做领面 先将翻领和领角弧线沿边对齐，按0.5cm缝份缉缝。可剪几个剪口，劈缝烫倒后在正面缉0.1cm明线，如图10-43所示。

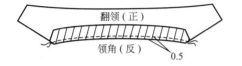 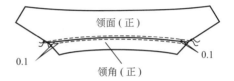

图10-43　做领面工序

3.做领

先扣烫翻领上口1.2cm缝份，领底呢距领面外口净线0.2cm放好，搭缉0.4cm，将领底呢略作归拔，使之与领面的形状、曲度一致，并扣烫领面两侧2.5cm缝份，如图10-44（a）所示。将领面、领底呢在领外口处扎线定住，按领底呢下口弧线画出领面下口净缝线，留1cm缝份，将多余的量修掉，并将领外口与领底呢缝合处用三角针绷缝，如图10-44（b）所示。

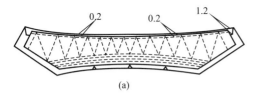 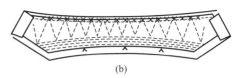

图10-44　做领工序

（十九）装领

1.装领面

从两端开始装领，对准领面中点与后领中点。领头串口与挂面串口的位置，先扎线固定，如图10-45所示。再缉缝领面，从右装领点起针缝至左片，按净样缉缝，至拐角处将针停住，略开几个剪口，领子铺平后继续缉缝。同时，缉缝领面、衣身面与夹里的领窝。

2.分烫串口

领面与挂面串口缝份倒向领面，衣身串口缝份倒向相反方向，领面缝份修至0.7cm，挂面串口缝份修至0.4cm，衣身串口缝份修至0.7cm，领下口缝份倒向领面，如图10-46所示。

3.定领翻折线

领面、领里沿翻折线向外翻折，用卷缝固定，如图10-47所示。

4.手缝领底呢

用三角针固定领底呢下口及两侧，如图10-48所示。对准标记位置，针距在0.4～0.5cm，先缝下口，再缝领嘴。

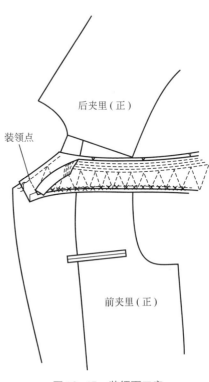

图10-45　装领面工序

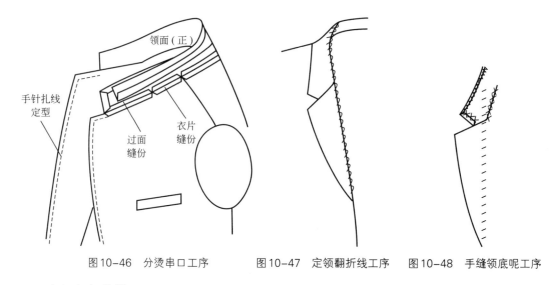

图10-46 分烫串口工序　　　图10-47 定领翻折线工序　　　图10-48 手缝领底呢工序

（二十）做袖

1. 拼缉前袖缝

大袖在上，与小袖正面相对，按标记对准，缝份0.8cm，注意吃势量的分配，并劈缝烫平，按袖口线钉扣烫袖口折边及袖衩宽，如图10-49所示。

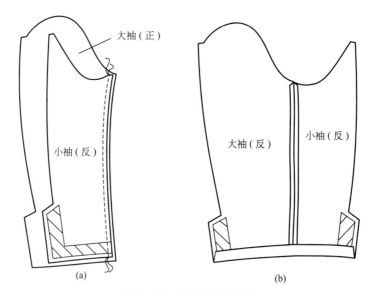

图10-49 拼缉前袖缝工序

2. 做袖口

将袖面、里正面相对，前袖缝对齐，先扎线固定，再沿边缉缝1cm，里子两端各留3cm不缝。熨烫袖口余势，夹里袖山顶部高出2cm，其余作为坐量烫倒，袖夹里距袖口净线1cm，并将袖口缝份用三角针固定，正面不露线迹，如图10-50所示。

3. 做袖衩、合后袖缝

这里介绍的是"真衩"的做法。真衩衩宽一般为3cm，先在大袖片反面粘上薄型有纺衬，沿袖口折边扣转，如图10-51（a）所示。经过外袖缝净线与袖口折边交点做角"45"，如图10-51（b）所示。按斜线反向折叠，放出1cm缝份，其余净掉，如图10-51（c）所示。将底角正面相

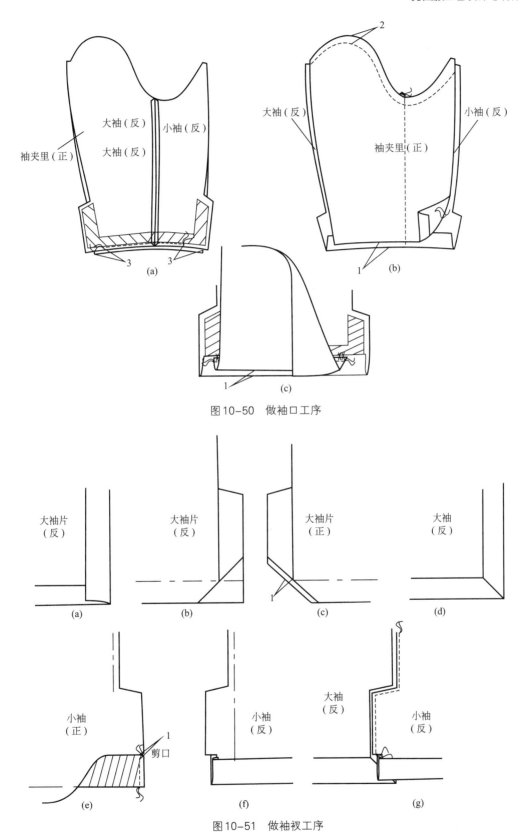

图10-50 做袖口工序

图10-51 做袖衩工序

对，沿衩角斜线缉线，两端打倒针，衩角缝份剪开分缝烫平，翻正衩角，折好贴边与大衩，大袖袖衩熨烫平整，如图10-51（d）所示。小袖片底边反向折起，离贴边止口1cm起针，将衩、贴边缉缝，缝份1cm，并沿上口衩边开剪口，如图10-51（e）所示。将小袖贴边翻正烫平，如图10-51（f）所示。最后将大、小袖外袖缝按标记对齐，袖口高低一致，大袖可长出0.2cm，合缉外袖缝并按形状缉好袖衩，如图10-51（g）所示。

4.定袖夹里

先将袖片翻正、摆正，在前、后袖缝分别做出袖与夹里的对应标记，再翻到反面，对准标记位置，缝份对齐，自袖山下10cm处缝至袖衩上4cm，将袖片与夹里的缝份固定，如图10-52所示，缝线靠近缉线，线迹略松，使袖与夹里松紧适宜。

5.缲缝袖衩角

在袖口处将袖衩夹里缲牢，并将小袖衩贴边外口处毛边锁光，如图10-53所示。

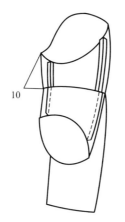

图10-52　定袖夹里工序

图10-53　缲缝袖衩角工序

（二十一）装袖

1.抽袖包

即做袖山吃势。从前袖缝向里2cm起抽一周，距止口0.5cm，针距为0.3cm，吃势量与面料的厚薄、质地有关。西服一般袖山吃势量在3cm左右，在袖山顶点左、右各5cm范围内吃量最多，可占60%，两装袖点间稍聚，腋下一般不做聚量。袖包抽好后，袖山弧线比袖窿弧线长出0.6cm左右，作为里外容量，放在铁凳上压烫圆顺。

2.扎袖

衣身在上，袖片在下，袖中点对准肩缝，袖标点对准袖窿凹势，外袖缝对准后背装袖点，三个点的位置可以灵活调整。先用线扎住左袖，扎时摆正袖子，保证衣身的横直丝缕，袖子以自然前甩、盖住大袋的1/2为宜。之后套到人台上，观察吃势是否均匀、袖山是否圆顺、袖山头丝缕是否顺直、装袖位置是否合适，按造型随时调整，取得最佳位置后再扎右袖，右袖的装袖位置及吃势分配以左袖为基准。完成后左右袖对称，完全一致，如图10-54所示。

3.缉袖

袖片放在下层与衣身正面相对，从装袖点起缉缝0.8cm，缉线顺直，宽窄一致，再放到铁凳上将吃势烫匀烫散，袖子熨烫圆顺。

4.缉袖窿条

袖窿条由正斜纱向的毛鬃和拉绒两层组成，将毛鬃和拉绒裁成4～4.5cm宽，对折后将其放在袖面上，离开内缝4cm，超过后缝2cm缉住，缉线与缉袖缉线完全重合，如图10-55所示。

5. 烫袖山头

为减少装袖缝份的厚度，将袖中点左右5cm衣身反面先粘上无纺衬，再打剪口，劈缝熨烫，并将袖窿条与垫肩固定。

6. 装袖夹里

先做出袖夹里袖山吃势，熨烫圆顺，将止口扣进0.8cm，参考袖片的装袖位置，先用线扎住，再翻到正面，观察与袖子是否服帖，使其不紧不吊，松紧适宜，最后将其缲牢，如图10-56所示。

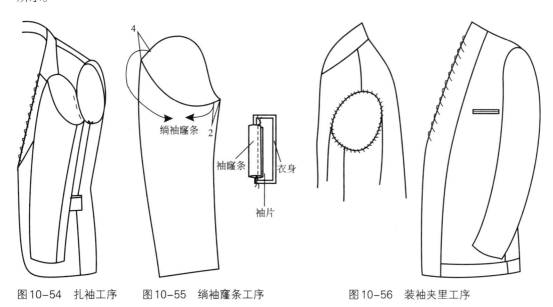

图10-54 扎袖工序　　图10-55 缲袖窿条工序　　　　图10-56 装袖夹里工序

（二十二）锁眼钉扣

1. 锁眼

西服一般锁圆头眼，分手锁和机锁两种，锁眼位置如图10-57所示。

2. 钉扣

西服一般采用"二"形缝线，钉纽时缝针从标记中心开始，双线结头套住缝线，再将线穿过纽孔，循环三次，纽线不宜抽紧，留出绕脚余地。将上、下线平均绕实后，反面打结，线头引入夹层，再打上止针结，以增强线迹牢度。里襟钉扣两粒，一般第一粒扣反面都钉上衬扣，俗称扁担纽；左右袖口各钉扣四粒。

（二十三）整烫

整烫西服之前先把西服上的缝线及其他辅助线全部拆掉，具体步骤如下。

1. 压袖窿

将西服翻转反面，把袖底及肩垫部位放在马凳上，盖湿布熨烫。注意，有垫肩的部位不能压烫。

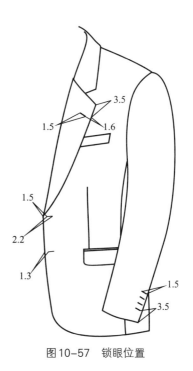

图10-57 锁眼位置

2. 烫袖子

在装袖之前已把袖子烫好，所以在整烫时要检查一下袖子是否有不平服之处，可放在布馒头上盖布，喷水熨烫。

3. 烫肩缝肩头

烫袖山头及肩胛部位。将肩胛部位放在布馒头上，将干、湿两块水布放在上面熨烫，随后将湿布拿掉，在干布上熨烫，把潮气烫干。烫袖山头处，一定要将袖山压圆、烫平，使袖山头饱满、圆顺。

4. 烫胸部、前肩

烫胸部和前肩时要放在布馒头上一半一半地熨烫。注意大身丝绺的顺直，胸部饱满，使胸部无瘪落现象，肩头平挺窝服，符合人体造型。

5. 烫吸腰及袋口位

烫吸腰处一定不能起吊，直丝一定要向止口方向推弹。烫袋口部位时，要注意袋盖条格与大身相对称以及袋口位的胖势。要放在布馒头上，同烫胸部一样，一半一半地熨烫。制作时两袋角丝绺很容易凹进，所以熨烫时要把袋角丝绺向外拉出一些。

6. 烫摆缝

烫摆缝时必须将摆缝放平、放直，注意摆缝不能拉还。

7. 烫后背、背胛处

烫后背缝时，腰节处要略拔开一些，但在后背宽处侧面要略微归拢一些。烫背胛部时，放在布馒头上整烫。注意背胛部横、直丝绺，使背部更符合人体。

8. 烫底边

首先烫底边的反面，要使反面底边夹里的坐势宽窄保持一致。再将底边翻转正面，放在布馒头上，一段一段地熨烫，熨烫之后使底边里外均匀。

9. 烫前身止口

将止口朝自己身体一侧放在桌板上。先烫挂面和领面一侧，要使止口薄、挺，不可反吐。

10. 烫驳头、领头

将驳头放在布馒头上按驳头样板或线钉，翻转烫煞。注意驳口线的弯势，防止拉还而影响造型。驳口线烫至驳头长的2/3，留出1/3不要烫，以增强立体感。

11. 烫里子

翻转至反面，将夹里起皱的部位，用熨斗轻轻烫平。

（二十四）质量要求

① 成品规格正确，各部位的误差要在允许的范围内；外形美观挺括，条格花型对准，左右两边对称和合。

② 衣领服帖，驳头与领角窝服，串口顺直，里外平薄。

③ 肩头平服，中间略有凹势，外口呈翘势。

④ 大身丝绺顺直，胸部饱满，吸腰自然，省尖位置正确，长短进出应左右对称，止口平薄，下摆圆角窝服，大袋处略有胖势，有立体感。

⑤ 袖子圆顺，袖山饱满，吃势均匀，提伸自然。

⑥ 后背方登，摆缝正直不涟、不吊。

⑦ 里子无水印、无烫污，与衣身服帖，平服并略有层势。

第二节　拓展环节

男西服的袖衩还有一种制作方法，即"假衩"，做起来简单便捷，但是其工艺要求和穿着习惯不如"真衩"来得讲究。

前袖缝拼缉并劈缝烫平完毕后，将大袖放上层，与小袖正面相对，沿边对齐，后袖山高处略吃进，缝份1cm自上而下缉至袖衩处转出缉至袖口。注意，在袖口部位缉合时，大袖袖口的贴边是折向袖身的状态，即要求"跪缉"，如图10-58（a）所示。在袖凳上将缝份分开熨烫平服，再在小袖衩缝份上打眼刀，将袖衩向大袖扣倒，翻到正面将袖衩烫平、烫顺即可，如图10-58（b）所示。

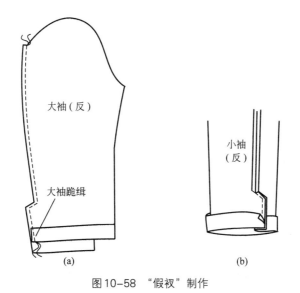

图10-58　"假衩"制作

第十一章

男西服马甲工艺设计与制作

　　马甲，也称背心或坎肩。自19世纪末20世纪初，英国爱德华七世国王建立了西方男性正装着装的规范后，西服三件套的形制被确立下来，西服马甲便成为男性日常生活中常见而又较为正式的着装装备之一，既可与西装配套穿着，又可与衬衫做搭配。作为西装的必备品，马甲的造型发生着微妙的变化，而选料和工艺则越加精美了。

　　本款西服马甲的胸围加放量为10cm，属合体类型，款式为双开袋，两侧缝处开摆衩，后腰束腰带，"V"形领，单排五粒扣，但穿着时往往不是把所有的纽扣全部扣上，要留出最下端一粒纽扣不扣。其款式图和结构设计图如图11-1和图11-2所示。

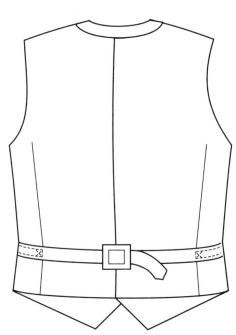

图11-1　西服马甲款式图

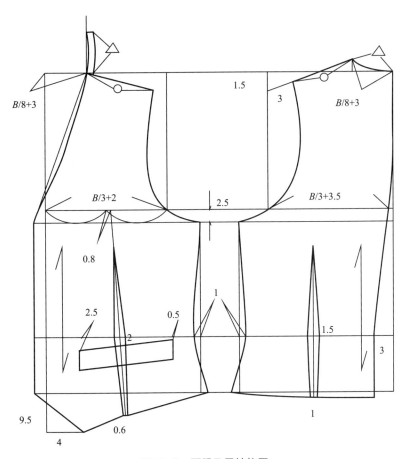

图11-2 西服马甲结构图

一、成品规格（单位：cm）

号型	部位	衣长	胸围	肩宽
175/92A	规格	53	102	39

二、部件裁剪

（1）面料 前片2片，过面2片，袋盖2片，后领口条1片，大垫袋2片。

（2）里料 前片2片，后片面和里都使用里料，各裁2片，腰带4片。

（3）涤棉布 大袋布4片，也可用里料。

（4）衬料 有纺衬、无纺衬、牵条若干。

（5）辅料 纽扣5粒，直径1cm，腰带扣1个。

三、缝制工艺流程

西服马甲的缝制工艺流程如图11-3所示。

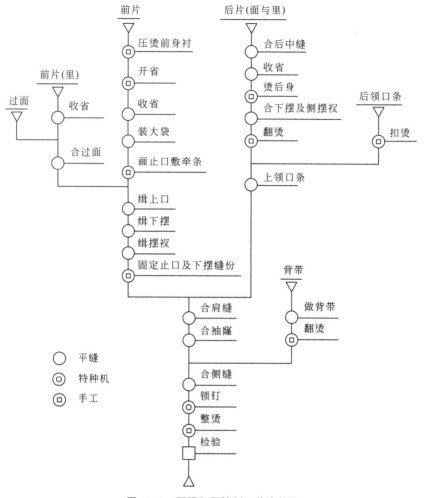

图11-3 西服马甲缝制工艺流程图

四、缝制工艺

（一）做缝制标记

在以下部位打线钉或打剪口：省位、袋位、扣眼位、下摆贴边宽、摆位衩、腰节部位。

（二）粘衬

将有纺衬置于前身面料的反面，边位对齐，用粘合机粘实，如图11-4所示。粘合后的面料要保持挺括和柔软，不可有起泡或脱层现象。

（三）做省

1.开省

在前身反面画腰省位，沿着省中线开剪，从下摆开始到距

图11-4 粘衬工序

省尖4cm处结束, 如图11-5 (a) 所示。

2.收省

沿开剪线(即省中线)对齐腰省, 缉缝腰省, 完成后腰省大小与形状符合要求, 省尖保留3~4cm线尾, 以免线尾脱散, 省尖要尖, 如图11-5 (b) 所示。

3.烫省

用熨斗劈烫省位, 如果腰省量比较大, 腰节处会不平服, 可在此处的腰省缝份上打剪口, 消除紧绷现象。省尖处可插入针尖熨烫, 向两边等量烫平, 如图11-5 (c) 所示。

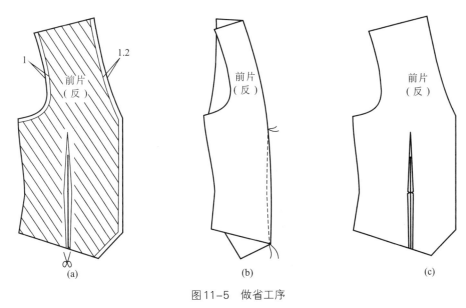

图11-5　做省工序

(四)开袋

1.贴有纺衬

在袋片反面粘贴有纺衬, 有纺衬的规格同大袋的各规格, 如图11-6所示。

2.扣烫

把袋片两侧的缝份先扣净, 再把上方的缝份向下扣净、扣直。两侧的缝份需要将上面部分剔除一些, 以使袋角薄而平整, 如图11-7所示。

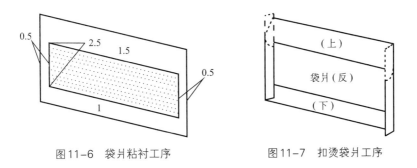

图11-6　袋片粘衬工序　　　　图11-7　扣烫袋片工序

3.装上袋布

将上袋布与袋片的上缝份缉合, 再翻折袋布, 在袋布上压缉0.1cm明线, 不需倒针加固, 如图11-8所示。

4.缉缝垫袋

将垫袋下缝份扣烫0.5cm折边，再将其上缝份与下袋布上缘对齐，沿下折边、以0.1cm明线缉于下袋布上，不需倒针，如图11-9所示。

5.缉袋口线

将袋爿置于袋口下线，缉缝袋口下线；然后将下袋布的垫袋置于袋口上线，掀起下袋布，缉缝袋口上线。缉缝时，两行缝线要保持平行，间距为1.2cm，且袋口上线两端各比袋口下线两端缩进0.2cm，如图11-10所示。

6.开袋口

在两行袋口缝线中间，将袋口剪开，两边剩余0.8cm 剪三角位，并将袋布翻到衣片反面，如图11-11所示。

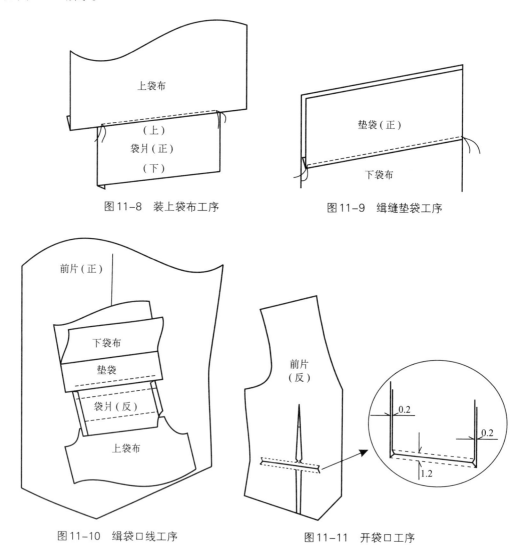

图11-8　装上袋布工序　　　　　　　图11-9　缉缝垫袋工序

图11-10　缉袋口线工序　　　　　　图11-11　开袋口工序

7.固定袋口止口

将下袋布放平，把垫袋与前衣身止口劈缝，置于下袋布上，沿劈缝线缉0.1cm明线两道，固定袋口线，如图11-12（a）所示。再把袋爿下缝份与前衣身止口劈缝，将前衣身止口和上袋布用暗线缉缝，如图11-12（b）所示。

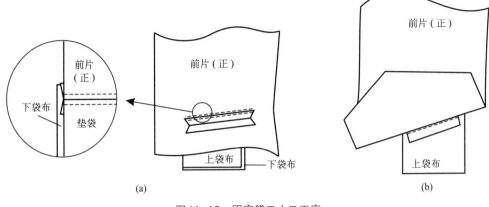

图11-12　固定袋口止口工序

8.封袋布

将前片掀起，以1cm止口缉缝袋布三边，缉缝时止口要均匀，头尾倒针加固，如图11-13所示。

9.缉袋角

将袋爿摆平，袋角的三角位毛边也摆平不外露，用0.1cm和0.6cm明线缉缝"门"字形袋爿边位，如图11-14所示。缉缝时一定要封住三角位毛边，且保持袋爿平服。

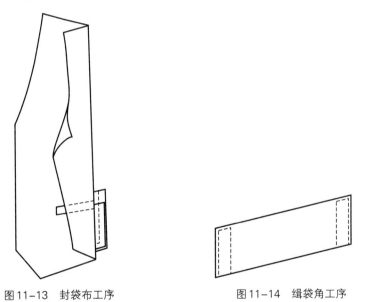

图11-13　封袋布工序　　　　　图11-14　缉袋角工序

（五）做前身夹里

（1）收省　缉省，再用熨斗做倒缝烫，倒向侧缝。

（2）合过面　过面与夹里正面相对，按1cm缝份合缉，距下摆贴边2cm处为止。

（六）装前身夹里

1.敷牵条

按净样画出前片的止口、下摆线、袖窿，用1cm宽直纱牵条从上至下烫贴于止口及下摆的净线内0.1cm处,其松紧程度要分段掌握,领口和尖角两端牵条略紧些,其余部位平服。袖窿敷斜纱牵条,同样沿净线内0.1cm处烫贴牢固,袖窿牵条应略紧些,如图11-15所示。

2.缉止口

先将过面与前片正面相对,对齐止口用手针攮定,再将大身置于上层,沿止口线缉线。过面吃势如图11-16所示。

3.烫止口

把止口缝份修剪成梯形,面留0.5cm,过面留0.8cm,下摆尖角处只削0.2cm缝份以减小厚度。然后将缝份都向前片扣烫,且扳进0.1cm烫实、烫薄。

翻出正面烫止口,面吐出0.1cm。再将下摆贴边扣折烫实,里子贴边距底边1cm处扣烫好。

4.净夹里

对照面料修剪夹里,袖窿处比面料小0.3cm,侧缝与肩缝处与面料相同,如图11-17所示。

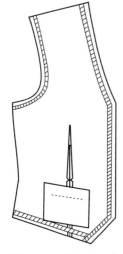

图11-15 敷牵条工序

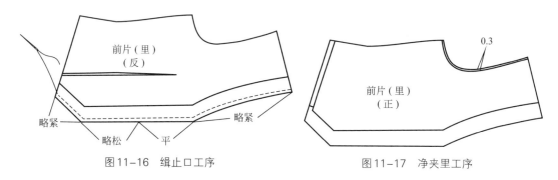

图11-16 缉止口工序

图11-17 净夹里工序

5.缉下摆

将下摆贴边与夹里缉合。

6.缉摆衩

在侧缝处,以前片下摆净线为对称线,对齐面、里料,按1cm缝份合缉3.5cm长,并横向缉住缝份,再从45°角方向斜向上打一剪口,如图11-18所示。

7.固定止口、下摆缝份

把止口及下摆缝份用三角针法固定于有纺衬及面料上,线迹不可透过面料。其中止口缝份自肩缝以下7cm范围内不加以固定,如图11-19所示。再将衣身翻到正面。

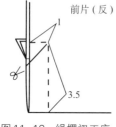

图11-18 缉摆衩工序

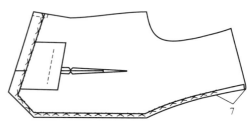

图11-19 固定止口、下摆缝份工序

（七）做后背

1.合背缝

分别将面与夹里的两个后片正面相对，对齐后中缝，以1cm止口缉缝。

2.收省

分别将面与夹里的腰省缉缝，其省位及大小要统一。

3.整烫后身

夹里、面的腰省缝全部倒向侧缝，烫倒。夹里、面层的后中缝如图11-20所示，进行熨烫，完成后倒缝方向刚好相反。同时里层的后中缝留出0.5cm松量，而面层的后中缝不留余量。

4.合下摆及摆衩

将后片面与里正面相对，对齐底边，合缉"U"形下摆及摆衩，如图11-21所示。再翻烫，下摆面吐出0.1cm。

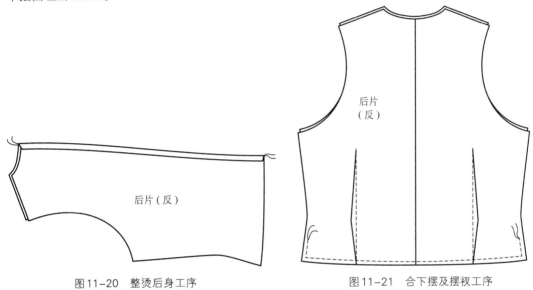

图11-20 整烫后身工序　　　　　图11-21 合下摆及摆衩工序

5.净夹里

对照面层修剪夹里，袖窿处比面小0.3cm，侧缝、肩、领口均与面相同。

6.上领口条

将后领口条对折烫好，在折线侧归烫，开口侧拔烫，将直领烫弯。把归拔好的后领分别与面和里的领窝合缉，缝份1cm，并将缝份打剪口、扣烫，倒向里料侧，如图11-22所示。

图11-22 上领口条工序

（八）合肩缝

将前后片的肩部摊开，正面相对，如图11-23所示，合缉肩缝。注意后领口条宽度中点与前止口点对正。在图中"△"部位打剪口。烫肩缝，两个剪口之间劈缝烫，其余部位缝份都向后片烫倒。

（九）合袖窿

将袖窿处里、面料对齐，合缉袖窿，如图11-24所示。注意缉线圆顺，然后在前后袖窿下半部分均匀打剪口，再将袖窿缝份向面层扳进0.1cm扣烫，用十字花绷针法将前片袖窿的缝份固定于有纺衬上。翻出正面袖窿后，面要吐出0.1cm，将袖窿止口烫实。

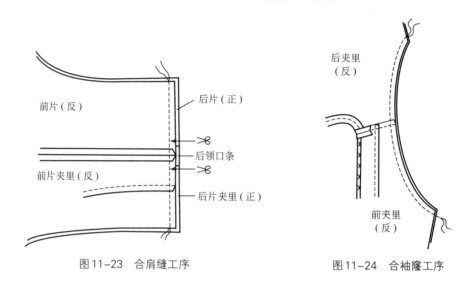

图11-23 合肩缝工序   图11-24 合袖窿工序

（十）装腰带

1. 做腰带

后腰带为两根，左侧略长，要做宝剑头，右侧腰带装腰带扣。车缝之后，分缝烫平，翻出正面，如图11-25所示。

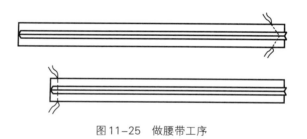

图11-25 做腰带工序

2. 装腰带

将腰带缉装在后背面子的腰节部位，上下均压缉一道0.1cm明线，到省缝处截止，如图11-26所示。

（十一）合侧缝

将后背翻到反面，把前片侧缝塞入后片侧缝中，四层侧缝对齐、对准，以1cm缝份合缉。左侧缝只合缉上下两端，在中部10cm的长度内将后身夹里掀开缉缝三层缝份，留出翻身开口，如图11-27所示。

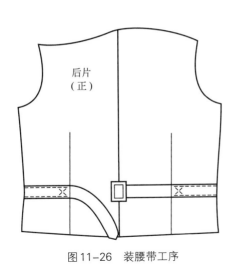

图 11-26　装腰带工序

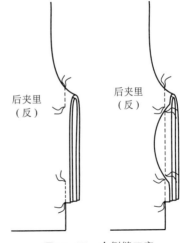

图 11-27　合侧缝工序

（十二）锁钉

1.做手针

把过面下端及侧缝处开口用手针缲牢，要使用与面料和里料同色的缝纫线。

2.锁眼

在左边门襟，按均匀间距，距门襟边位1cm，锁横眼5个，均为圆眼。

3.钉扣

扣位按前中心线居中，同距高低与扣眼保持一致，在左侧里襟钉扣5粒，扣柄高0.3cm。

（十三）整烫

去除线钉，将止口熨烫平薄、定型；前身、后身、里身熨烫平服。

（十四）质量要求

① 各部位规格准确，部件位置合理；缝份均匀，缝线顺直；归拔适当，符合体形。

② 开袋方正，袋口不松不紧，袋片宽窄一致，左右对称，条格相符。

③ 胸部饱满，条格顺直，止口不搅不豁；背部平挺，背缝顺直；摆衩高低一致。

④ 肩头平服，丝绺顺直，袖窿不紧不还，左右一致。

⑤ 各部位熨烫平服，整洁美观。

男风衣工艺设计与制作

　　风衣一般是处于最外层的上装，常常是装有夹里的。风衣类服装延伸了西服与衬衫的结构，并根据穿用要求进行综合与调整，其款式与造型的变化更加丰富。在生产工艺方面，则简化了西服的制作过程，减少了手缝工作量，并结合了新的结构设计，使制作工艺更加流畅和易于操作。

　　本款男风衣胸围加放量为20m，较为合身，H廓形，可套穿于西服或毛衫外面，正式又带点休闲风格，因而非常实用。前襟五粒扣，止口为暗门襟，上端一粒明扣，其余为暗扣；左右前身各有一个斜插袋；小圆角翻领；插肩袖，近袖口处有袖牌，袖牌上有纽扣；止口、袖中缝、前后袖窿端、背缝等处缉明线。其款式图和结构设计图如图12-1和图12-2所示。

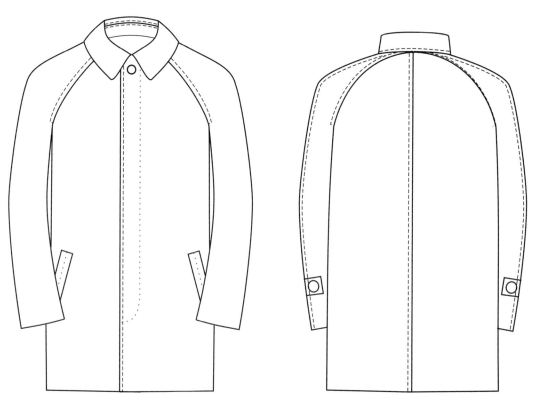

图12-1　男风衣款式图

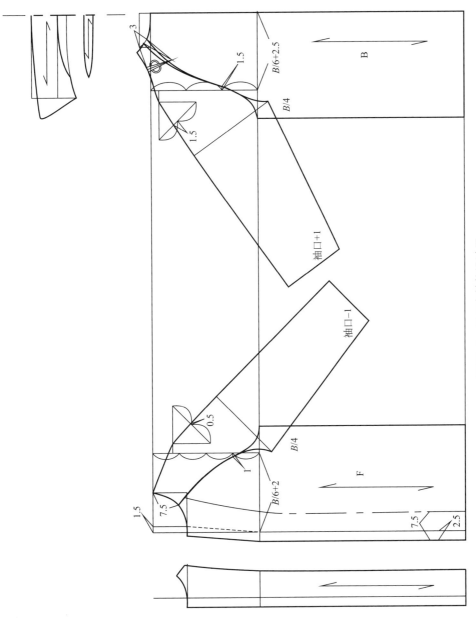

图12-2 男风衣结构设计图

B

B/6+2.5

B/4

1.5

1.5

袖口+1

袖口-1

0.5

B/4

1

F

B/6+2

1.5

7.5

7.5

2.5

一、成品规格

号型	部位	衣长	胸围	肩宽	袖长	袖口宽
175/92A	规格	84cm	112cm	48cm	60cm	16cm

二、部件裁剪

（1）面料　前片2片，后片2片，前袖片2片，后袖片2片，过面2片，底领面、翻领面各1片，底领里、翻领里各1片，袖牌面2片，斜插袋嵌线2片，斜插袋垫袋布2片，里袋嵌线2片，里袋垫袋布2片。

（2）里料　前片2片，后片2片，前袖片2片，后袖片2片，暗门襟嵌线1片，袖牌里2片。

（3）涤棉料　斜插袋袋布4片，里袋袋布4片，亦可用里料。

（4）衬料　有纺衬用于前身、袖窿、袖口等处，无纺衬用于贴边、嵌线等处，牵条若干。

（5）辅料　直径为2cm的纽扣5粒，直径为1.5cm的纽扣4粒，每种纽扣再各多留1粒备扣。

三、缝制工艺流程

男风衣缝制工艺流程如图12-3所示。

四、缝制工艺

（一）做缝制标记

在以下部位打线钉或打剪口。
前片：前中心装领位、袖窿装袖对位、斜插袋位、扣位、下摆贴边。
过面：暗门襟位、里袋位。
后片：后中线、下摆贴边。
袖片：外袖缝对位、袖窿对位、袖牌位、袖口贴边。
领片：翻领与底领的对位、领下围的后中点及肩缝对位处。

（二）粘衬

黏合衬的使用有助于保持面料的平挺。从织造方法上，大体可将其分为有纺衬和无纺衬两类。相比较而言，前者可使面料显得有弹性，不死板。因此，合理使用黏合衬能够让成衣外观挺括、立体感强，并具有良好的保型性。

将裁剪好的有纺衬置于面料的反面，边位对齐，通过粘合机将衬粘实，要确保粘合之后无起泡、脱层或折叠观象，以保持面料的平整、挺括，如图12-4所示。需要全部粘合有纺衬的部位有过面、领面、领里、斜插袋及里袋的嵌线；需在局部粘有纺衬的部位有前片斜插袋之前的部位、下摆贴边、斜插袋位、后片的下摆贴边、袖片的肩端点以上部位、袖口贴边。

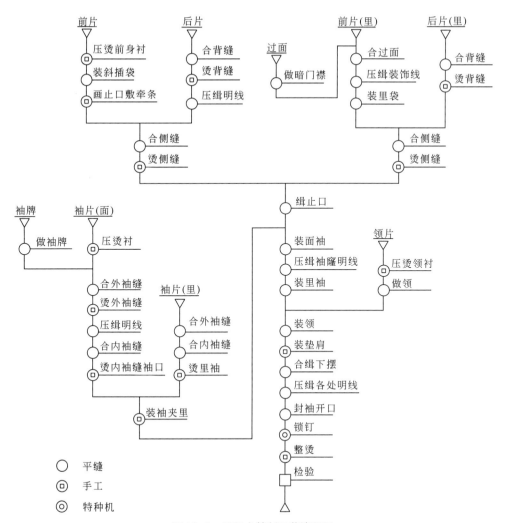

图12-3　男风衣缝制工艺流程图

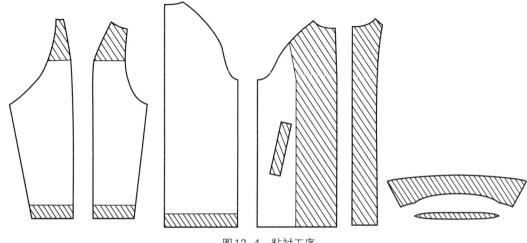

图12-4　粘衬工序

（三）做面

1.净前片

按照生产样板，在前片反面画出净线线迹，然后修剪样板，止口处留0.5cm缝份，下摆处留4cm，其他各处留1cm。

2.装斜插袋

（1）做斜插袋嵌线　沿斜插袋嵌线面的中线用珠边机的仿手针线迹车缝一道装饰线，然后沿嵌线的止口进行扣烫，如图12-5所示。

图12-5　做斜插袋嵌线工序

（2）缉袋口线　将嵌线置于袋口下线，嵌线面与衣片正面相对缉缝袋口下线；然后将垫袋置于袋口上线，缉缝袋口上线，如图12-6所示。缉缝时，两条缝线要保持平行，间距恰好为斜插袋嵌线的宽度。缝线的两端都要以倒针加固。

（3）开袋口　在两行袋口缝线中间，将袋口剪开，两边剩余0.8cm剪三角位，注意不要剪到嵌线及垫袋，如图12-7所示。然后将嵌线及垫袋翻进前衣片反面。

（4）钉袋布　将上袋布与嵌线的缝份缉合，再在袋布正面压缉0.1cm明线，如图12-8所示。将下袋布与垫袋的缝份缉合，并在袋布正面压缉0.1cm明线。

（5）封三角　将前衣片掀起，把袋角的三角形毛边折向衣身内部，摆平嵌线，在三角形的根部，车缝来去针三道，注意两处封三角的缉线都要尽量靠近三角形根部，如图12-9所示。

（6）封袋布　将前衣片掀起，以1cm止口缉缝袋布，如图12-10所示。缝至袋布近底部时，放入一2cm宽的里料布条，与两层袋布同时缝合在一起，里料拉条的另一端，等待缉合止口时与止口同时缝合，其目的是固定袋布的位置，防止掏口袋时带出袋布。因此，要注意里料布条的长度应适中，不可过紧或过松。封袋布底边时，止口要均匀，头尾倒针加固。

（7）加固袋角　在衣身正面斜插袋的两个袋角处，用套结机打套结加固，如图12-11所示。至此完成斜插袋的制作。

3.敷牵条

在前片止口的胸围线附近做归烫，把止口线归直、定型，胖势推向胸部。然后在前片的反面按净样沿着止口、下摆线，用1cm宽的直纱牵条，从上至下烫贴于止口、下摆线的净线内0.1cm处，袖窿边缘进0.5cm烫贴1cm宽斜纱牵条。止口在胸围线处贴牵条要略带紧，其余各部位要平服，如图12-12所示。

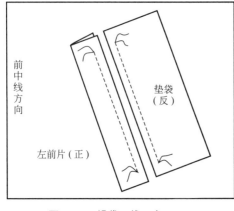

图12-6　缉袋口线工序

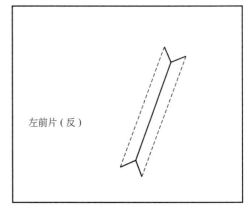

图12-7　开袋口工序

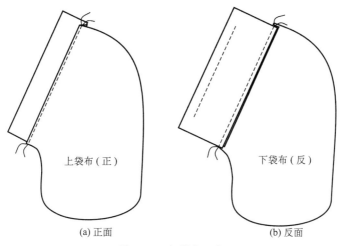

(a) 正面   (b) 反面

图12-8　钉袋布工序

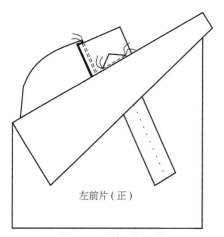

图12-9　封三角工序

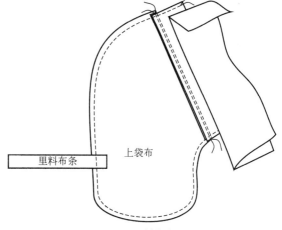

图12-10　封袋布工序

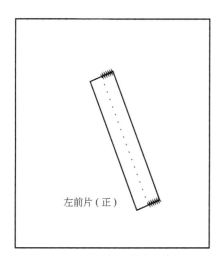

图12-11　加固袋角工序

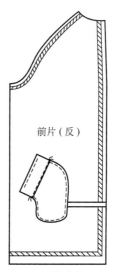

图12-12　敷牵条工序图

4.合背缝

（1）缉背缝　将两后片正面相对，对齐后中缝，1.5cm 止口缝缉，如图12-13所示。

（2）烫背缝　先将后中缝的缝份做劈缝烫，再将缝份都倒向左片做倒缝烫。这里共进行了两次熨烫，可使之后的明线效果更美观。

（3）缉明线　将后片正面向上，在后中缝压缉口0.6cm明线，如图12-14所示。

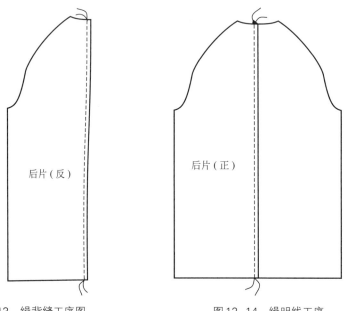

图12-13　缉背缝工序图　　　　　　图12-14　缉明线工序

5.合侧缝

以1cm缝份合缉侧缝，然后将侧缝缝份分开烫平、烫煞，如图12-15所示。

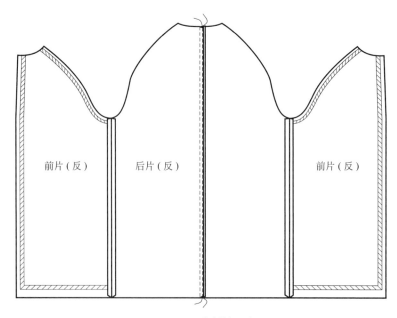

图12-15　合侧缝工序

（四）做夹里

1.净过面

按照生产样板，在过面反面画出净线线迹，然后修剪缝份，各部位留1cm缝份。

2.做过面暗门襟

（1）缉暗门襟开口线　暗门襟开口的垂直位置是从第二个扣位以上4cm至最下端扣位以下4cm，其水平位置是从止口离进1.5cm。暗门襟可采用一片嵌线的单牙挖袋工艺来制作。暗门襟嵌线的长度可依据暗门襟高度再加放4cm，宽度可依据门襟缉缝装饰线宽度的2倍再加放4cm。先将嵌线粘贴无纺衬，然后在嵌线的中央部位画出两条相距0.5cm的平行线并沿两条线扣烫。将嵌线置于门襟过面的上方，正面相对，摆正位置，如图12-16（a）所示。沿外侧画线缉缝第一道线，再距0.5cm缉缝第二道线，第一道线应恰好落在暗门襟开口处。两条缉线要保持平行，两端要以倒针加固。

（2）剪开口　在两行缝线中间，将门襟开口剪开，两边剩余0.8cm剪三角位。剪三角位时注意不要剪到嵌线，嵌线要沿着已剪的开口向两端继续剪通，然后将嵌线翻进过面反面。

（3）缉暗门襟开口明线　沿已扣烫好的折痕将暗门襟开口的牙面摆正，在上面缉缝0.1cm明线，如图12-16（b）所示。注意牙面宽度确保0.5cm。

（4）封三角　将三角位的毛边折向过面内部，摆平嵌线，两层嵌线方向一致，在暗门襟开口的另外三边缉缝0.1cm明线。注意首尾要打倒针加固，拐角要方正，毛边不要外露，如图12-16（c）所示。

（5）锁眼　将过面正面朝上，在过面及上层嵌线上锁横向平眼四个。

（6）固定嵌线　将过面与暗门襟嵌线摆正，掀起过面，在每两个扣眼的中间，把两层嵌线车缝三道来回针加以固定。缝线要紧靠嵌线根部，因此车缝时略有不方便，缝线长度不大于1cm，如图12-16（d）所示。

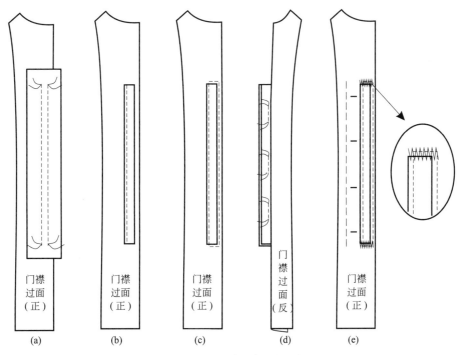

图12-16　做过面暗门襟工序

（7）加固三角　摆平过面与暗门襟贴边，用手针将三层布料攥在一起。然后用套结机在三角处打套结加固，如图12-16（e）所示。

3.合过面

将前片夹里与过面合缉，下端到距下摆净线2cm处止。熨烫时上部缝份都倒向夹里，只在距缉线止点2cm处以下劈缝烫，如图12-17所示。再用珠缝机沿前片夹里边缘车缝一道装饰线，如图12-18所示。

图12-17　烫过面工序

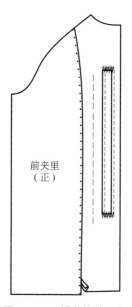

图12-18　缉装饰线工序

4.做里袋

做里袋的方法与做面上斜插袋的方法相同，区别在以下方面。首先，里袋袋口的位置接近水平状态，后袋角提高2cm；其次，在里袋垫袋的中央位置有一个纽襻，要按图12-19所示做好，根据合适的长度剪断，先缉缝在垫袋正面合适的位置；最后，里袋的单牙宽0.8 ~ 1cm，袋口大小为14cm左右，而斜插袋单牙宽为2.5 ~ 3cm，袋口大小为16 ~ 18cm。两者都是采用"一片嵌线加一片垫袋"的单牙挖袋工艺来制作。根据设计需要，也可在袋口的周围缉缝0.1cm的明线。完成后如图12-20所示。有些风衣里袋是双牙袋，其制作方法参见"西服缝制工艺"。

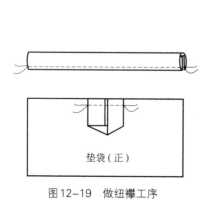

图12-19　做纽襻工序

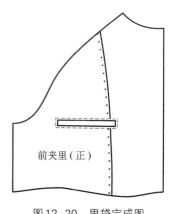

图12-20　里袋完成图

5.合背缝

将背缝平缉缝合，然后将缝份向左侧烫倒，后背部位要保留松量扣烫，如图12-21所示。

6.合侧缝

以1cm缝份合缉侧缝，然后将其倒缝熨烫，缝份都倒向后片，扣烫要保留松量。

（五）合止口

1.缉止口

将过面与前片正面相对，过面置于下层，沿前片止口线外0.1cm缉线。缉线的两端点分别是领窝线上的装领点和过面的内侧边缘点。各部位要平缉，并确保止口顺直，如图12-22所示。

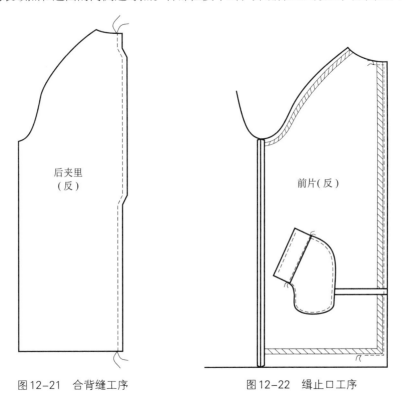

图12-21　合背缝工序　　　　　图12-22　缉止口工序

2.烫止口

把止口缝份修剪成梯形，面留0.4cm，过面留0.8cm，然后将缝份都向前片扳进0.1cm扣烫，烫实、烫薄。

3.烫下摆

把下摆贴边沿净线扣烫，注意宽度均匀，下摆线平直，左右一致。

4.扳止口

用本色缝纫线和三角针法，将止口缝份固定于前片的反面，针距1.5cm，线要松紧适宜，正面不可露出线迹。

（六）做面袖

1.做袖牌

（1）缉袖牌　将袖牌里粘一层无纺衬，再将袖牌面置于上层，沿净样缉合一道。缉合时注意使袖牌里略紧，做好里外容量，如图12-23所示。

（2）烫袖牌　修剪袖牌的缝份，保留0.3cm，然后将其翻到正面，拐角及止口要翻足，两个袖牌要左右对称并烫平，止口不可反吐。

（3）缉明线　在袖牌正面沿止口缉0.8cm明线，如图12-24所示。

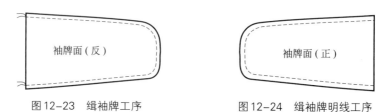

图12-23　缉袖牌工序　　　　　　　图12-24　缉袖牌明线工序

2.合外袖缝

（1）缉外袖缝　将后袖片正面朝上，置于下层，前袖片再与之正面相对，距袖口净线7cm的地方夹入袖牌，正面朝上，沿外袖缝缉缝一道，注意对位准确，肩部圆顺，如图12-25所示。

（2）烫外袖缝　先将外袖缝做劈缝烫，再做倒缝烫，缝份倒向后袖片，如图12-26所示

（3）缉明线　在后袖片正面沿外缝线平缉0.8cm明线，如图12-27所示。

3.合内袖缝

将内袖缝对齐，合缉一道，然后劈缝烫平，如图12-28所示。

4.烫袖口贴边

沿袖口净线将袖口贴边扣烫。

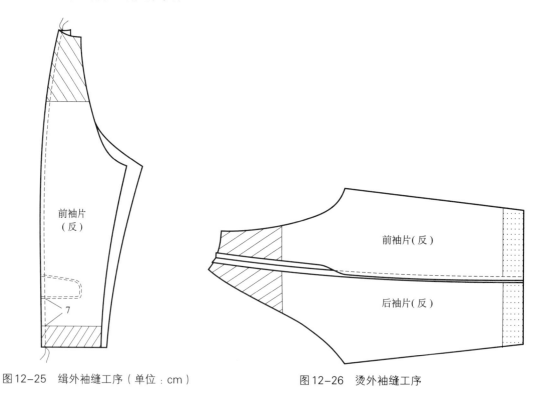

图12-25　缉外袖缝工序（单位：cm）　　　　　图12-26　烫外袖缝工序

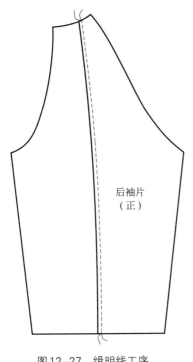

图12-27　缉明线工序

图12-28　合内袖缝工序

（七）做里袖

1.合袖缝

分别将里袖的外袖缝、内袖缝合缉，其中左袖内袖缝的中部留10cm长的活口。注意缝份均匀，对位准确。

2.烫里袖

将里袖烫平，内、外袖缝的缝份均向后袖片做倒缝烫，并留0.2cm的松量。

3.装袖夹里

① 将面袖、里袖的袖口正面相对，以1cm缝份缉合，注意两者的内、外袖缝要分别对齐。切不可将面袖、里袖左右颠倒。

② 定袖口贴边。将袖口贴边的缝份用手针花绷针法固定到面袖的反面，注意线不要带得过紧，且正面不露线迹，如图12-29所示。

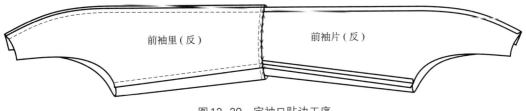

图12-29　定袖口贴边工序

③ 定袖缝。将里袖与面袖沿袖口贴边的中线对叠，使前袖片面层与前袖片夹里相对，从距袖口贴边10cm的位置开始，到距另一端10cm处，分别把面袖及夹里的袖缝缝份用攘线攘牢，加以固定，如图12-30所示。

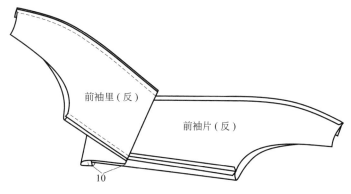

图12-30　定袖缝工序（单位：cm）

④ 净袖夹里。将袖子翻到正面，把面袖和里袖的内外缝对齐、摆平，修剪里袖的缝份，袖山底的缝份要比面袖多出2cm，领口处多出0.6cm，如图12-31所示。

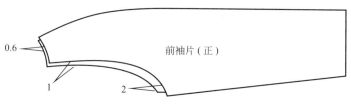

图12-31　净袖夹里工序（单位：cm）

（八）装面袖

1.攃袖子

将袖子对准衣片对位标记，用手针攃装。攃时，袖片置于上层，注意袖子弧线与衣身片弧线要摆平、装圆顺，如图12-32所示。袖子攃完后，将袖子翻到正面，套穿在人台上，检查装袖对位是否准确、左右袖子是否对称。

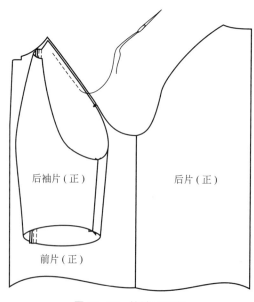

图12-32　攃袖子工序

2.缉袖子

将袖子放在上层，左袖从前衣片领口开始缉缝至后衣片领口；右袖从后衣片领口缉缝至前衣片领口。注意缝份要宽窄一致，缝线顺直。

3.缉明线

将攥线拆除，再将前、后袖窿距领口约20cm长度做劈缝烫，之后做倒缝烫，缝份都倒向衣片。在前袖窿距领口15cm的长度和后袖窿距领口17cm的长度缉缝0.8cm明线，如图12-33所示。

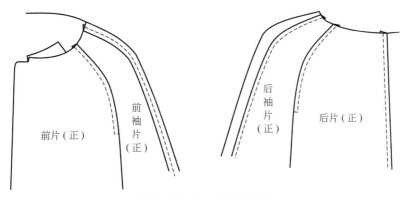

图12-33　缉袖窿明线工序

（九）装里袖

将里袖与衣身缉合，缉合至袖窿底时，加缝进一个长约6cm的里料拉条，注意对位准确。

（十）做领

1.净领片

按照生产样板，画出翻领、底领的面及夹里的净线，沿线修剪缝份，与领窝缝合的领下口部位留1cm缝份，其他部位留0.5cm缝份，如图12-34所示。

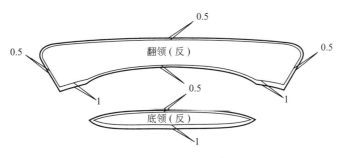

图12-34　净领片工序（单位：cm）

2.合分领线

将翻领和底领沿分领线缝合，缝份0.5cm，然后把领面做劈缝烫；把领里先做劈缝烫，再向底领做倒缝烫。

3.缉明线

沿领面的分领线上下各缉一条0.1cm明线，沿领里的分领线在下方缉一道0.1cm明线，如图12-35所示。

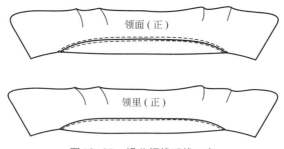

图12-35　缉分领线明线工序

4.缉领

将领面、领里正面相对，沿领面的净线缉合领口，在领尖的圆角处，领面要略松，有适量吃进，形成面与里的里外容，如图12-36所示。缉线的起止点要落在领下口的净线上。

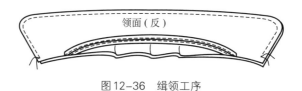

图12-36　缉领工序

5.翻烫领子

将领子翻到正面，圆角处要翻足，曲线流畅。把领里朝上，将领口烫平、烫实。注意里外容，领里不反吐，两领角完全对称，如图12-37所示。

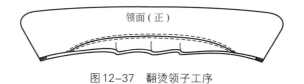

图12-37　翻烫领子工序

（十一）装领

1.装领面

领面下口与衣身夹里的领窝对齐，正面相叠，沿领面下口净线将二者缉合。注意装领点准确，且左右对称，如图12-38所示。

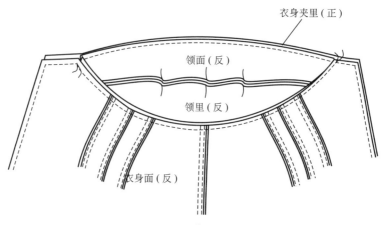

图12-38　装领面工序

2.装领里

领里下口与衣身面的领窝对齐，正面相叠，沿领里下口净线将二者缉合，注意对位准确，不可与领面发生扭斜。

3.定领面与领里

将领里下口与衣身面的缝份劈开，而领面下口与衣身夹里的缝份向衣身夹里折倒，把这两层缝份与衣身面的缝份对齐，沿领下口线车缝一道，缝线尽量靠近装领线。

（十二）装垫肩

先把垫肩与衣身面的肩线缝份攥牢，线迹不可过紧，再把垫肩肩点与夹里的肩点攥牢。

（十三）合缉下摆

1.定过面底端

摆正过面底端与下摆贴边，沿过面边缘缉0.1cm明线，固定过面与下摆贴边，如图12-39所示。缉线两端要以倒针加固。

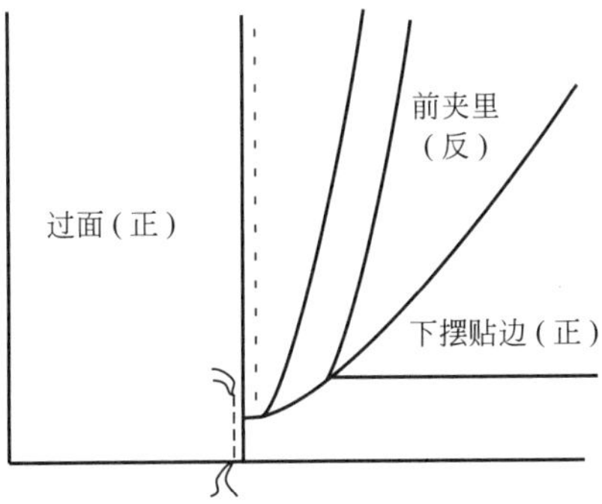

图12-39　定过面底端工序

2.缉下摆

将下摆贴边与夹里底边对齐缉合，注意侧缝、背缝对齐，并保留夹里在此处约0.2cm的松量。

3.定下摆贴边

沿下摆净线将下摆贴边折向衣身面子的反面，用本色缝纫线和三角针法把下摆贴边固定于面子的反面，针距1.5cm，线要带得松紧适宜，面子正面不可露出线迹。

4.定侧缝

将夹里袖窿底的拉条与面子袖窿底的缝份车缝固定。

（十四）翻烫

将半成品从里袖开口处翻到正面，夹里朝上，将各止口烫平、烫实，止口不可反吐。烫领止口要领里朝上。

（十五）压缉明线

1.压缉领口明线

领面向上，沿领止口缉0.6cm 明线。

2.压缉止口明线

前片面向上，从装领点到下摆，沿止口缉0.6cm明线，在装领点处注意缉线与领口明线要对

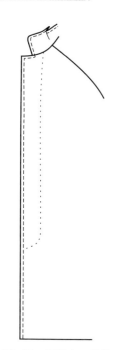

图12-40 压缩止口明线工序

准衔接，如图12-40所示。

3.封门襟

用珠边机的装饰线封门襟，宽度为5.5cm，底部为圆顺曲线，两端留线头打结。

（十六）封袖开口

把袖开口处的缝份都折向内部，对齐两层以0.1cm明线缉合封口。

（十七）锁钉

1.锁眼

在左侧门襟上端锁横向圆眼一只，在袖牌止口进2.5cm，高低的中点左右各锁顺向圆眼一只。

2.钉扣

在右侧里襟与扣眼相对的位置钉五粒2cm直径的纽扣，扣位落于前中心线上，扣柄高0.3cm；在里袋袋口下方中点钉1.5cm直径纽扣，并在左里袋袋口斜下方钉两粒两种直径的备扣；在与袖牌扣眼相对的袖子位置上钉一粒纽扣。

（十八）整烫

去除线钉和擦线后，将各处止口熨烫平薄、定型，依次将前身、后身、袖身、里身熨烫平服。注意，保持袖山的饱满状态及领子翻折线的立体状态。

（十九）质量要求

① 各部位规格准确，缝份均匀，明线顺直。
② 开袋及暗门襟四角方正，嵌线不松不紧，宽窄一致，左右对称，四角无毛出。
③ 胸部饱满，止口不搅不豁；背部平挺，背缝顺直。
④ 肩头圆浑，插肩袖袖型弯势自然、美观，袖中线顺直，袖窿平服，左右一致。
⑤ 领型平挺，领面平服，领角左右对称，翻折线自然不死板。
⑥ 各部位整烫平整，洁净美观。

参考文献

[1]　许才国.男装设计.上海：东华大学出版社，2013.

[2]　苏永刚.男装成衣设计.重庆：重庆大学出版社，2009.

[3]　张繁荣.男装结构设计与开发.北京：中国纺织出版社，2014.

[4]　戴孝林.男装结构与工艺.上海：东华大学出版社，2013.

[5]　孙兆全.经典男装纸样设计.上海：东华大学出版社，2009.

[6]　戴建国.男装结构设计.杭州：浙江大学出版社，2005.

[7]　李兴刚.男装结构设计与缝制工艺.上海：东华大学出版社，2014.

[8]　张文斌.服装工艺学（结构设计分册）.北京：中国纺织出版社，2004.

[9]　中泽愈.人体与服装.北京：中国纺织出版社，2005.

[10]　刘建智.服装结构原理与原型工业制版.北京：中国纺织出版社，2009.

[11]　刘霄.男装工业纸样设计原理与应用.上海：东华大学出版社，2008.

[12]　吴卫刚.服装标准应用.北京：中国纺织出版社，2002.

[13]　闵悦.服装工艺学技能训练.北京：北京理工大学出版社，2012.

[14]　徐静，王允，李桂新.服装缝制工艺.上海：东华大学出版社，2010.